面向产品服务系统

创新设计过程的
方法及技术研究

姜杰 著

四川大学出版社
SICHUAN UNIVERSITY PRESS

图书在版编目（CIP）数据

面向产品服务系统创新设计过程的方法及技术研究 /
姜杰著 . — 成都：四川大学出版社，2022.7
　ISBN 978-7-5690-5608-2

　Ⅰ．①面… Ⅱ．①姜… Ⅲ．①产品设计－研究 Ⅳ．
① TB472

中国版本图书馆 CIP 数据核字（2022）第 133432 号

书　　名：面向产品服务系统创新设计过程的方法及技术研究
　　　　　Mianxiang Chanpin Fuwu Xitong Chuangxin Sheji Guocheng de Fangfa ji Jishu Yanjiu
著　　者：姜　杰

选题策划：许　奕
责任编辑：王　锋
责任校对：许　奕
装帧设计：璞信文化
责任印制：王　炜

出版发行：四川大学出版社有限责任公司
　　　　　地址：成都市一环路南一段 24 号（610065）
　　　　　电话：（028）85408311（发行部）、85400276（总编室）
　　　　　电子邮箱：scupress@vip.163.com
　　　　　网址：https://press.scu.edu.cn
印前制作：四川胜翔数码印务设计有限公司
印刷装订：四川省平轩印务有限公司

成品尺寸：148mm×210mm
印　　张：4
字　　数：105 千字

版　　次：2022 年 8 月 第 1 版
印　　次：2022 年 8 月 第 1 次印刷
定　　价：29.00 元

四川大学出版社
微信公众号

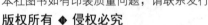

前　言

　　2015 年 3 月 5 日，李克强总理在政府工作报告中指出，要实施"中国制造 2025"，坚持创新驱动、智能转型、强化基础、绿色发展，加快从制造大国转向制造强国。传统的制造业以过度消耗资源和破坏环境为代价，处于全球分工链条的中、下游环节。但随着环境的持续恶化、利润的不断减少以及用户需求的逐渐多样化，传统的资源消耗型制造模式面临巨大挑战，制造企业迫切需要寻找新的利润增长点和可持续发展模式以实现转型。当前，信息通信技术和物联网技术的迅速发展促进了先进制造业和现代服务业的不断深度融合，使得将服务整合在产品内并延展到产品全生命周期成为可能，"物联网＋先进制造业＋现代服务业"将成为制造业发展的新引擎。产品服务系统通过在产品生命周期不同阶段开展非物质化的服务来减少制造过程中的资源消耗，从而实现制造企业新的增值模式与可持续发展。因此，对产品服务系统创新设计过程内在规律、理论体系、方法、工具的研究尤为重要和迫切。

　　本书是关于产品服务系统创新设计理论、方法、工具的专著。本书反映了作者在产品服务系统创新设计研究领域的新发现、新思路和新研究，从产品服务系统创新设计所蕴含的本质规律着手，力求在产品服务系统创新设计的理论、方法、工具及其应用等方面做出新的理解，以期形成和完善产品服务系统创新设计体系，为产品服务系统创新设计的研究、应用提供新的方向和实用的系统性方法。本书共分5章。第1章总体阐述产品服务系统创新设计的研究背景、基本概念和方法学体系。第2章阐述产品创新设计过程模型的体系结构。第3章介绍用户需求向产品服务系统功能特征的传递与分配方法。第4章介绍产品服务系统创新设计策略及基于此产生的实际应用。第5章介绍辅助产品服务系统创新设计的软件平台。

本书由姜杰写作,在撰写过程中,李彦、蒋刚、熊艳、万延见、尹碧菊、李谦、霍宇翔、谢兰兰等老师多次提出宝贵意见,硕士研究生周长春参与了思路整理、总结和文字修改工作,在此表示诚挚的谢意。

目　录

第1章　概　论································（1）

1.1　创新设计与服务设计 ···················（4）

1.2　产品服务系统概述 ·····················（7）

1.3　主要内容和章节安排 ··················（16）

第2章　产品服务系统创新设计过程模型·········（23）

2.1　产品服务系统的设计过程和组成要素 ·········（23）

2.2　产品服务系统创新设计实现的相关理论支撑 ···（26）

2.3　产品服务系统设计过程描述 ··············（30）

2.4　产品服务系统创新设计框架模型构建 ·········（36）

2.5　示例 ·······························（44）

第3章　用户需求到产品/服务功能特征的映射与分配方法

··································（51）

3.1　用户需求的筛选和精化 ·················（51）

3.2　基于Kano模型的用户需求定性分析 ·········（53）

3.3　用户需求指标的定量分析和优先度排序 ·······（55）

3.4　基于用户需求分类的功能映射和传递方法 ·····（59）

3.5　示例 ·······························（64）

第 4 章　基于 TRIZ 理想解和功能激励的产品服务系统创新设计方法····················(72)

　4.1　基于 TRIZ 理想解的产品服务系统进化路线 ···(73)

　4.2　基于产品服务蓝图的产品功能/服务交互表达 ····················(76)

　4.3　产品服务交互关系创新设计策略 ·············(78)

　4.4　基于产品服务功能蓝图的产品服务交互设计过程 ····················(81)

　4.5　示例 ·············(83)

第 5 章　计算机辅助机电产品服务系统创新设计············(88)

　5.1　产品服务系统创新设计软件体系结构及框架设计 ····················(89)

　5.2　产品服务系统创新设计原型系统的功能模块 ···(93)

　5.3　产品服务系统创新设计原型系统分析示例 ·····(100)

第 6 章　总结与展望···················(108)

　6.1　全书总结 ·················(108)

　6.2　进一步研究展望 ·················(110)

附录　部分源代码·················(112)

第1章 概　论

人类发展史及科学技术进步历程表明，每一次重大跨越和重要发现都与思维创新、方法创新、工具创新密切相关；离开"创新"，人类社会不可能向前迈进，科学技术也不可能有实质性的进步。在当代社会，科学技术是第一生产力，创新又是科学技术的龙头。20世纪初，全球社会生产力的发展中只有5％是依靠技术创新取得的。而到现在，发达国家中这一比例高达70％～80％[1]。美国国家自然基金会《提升人类技能的会聚技术》报告指出：21世纪是创新时代（Innovation Age），重点将从"重复（Repetitive）"转向创造和创新[2]。21世纪是从知识经济时代转向创新经济时代的世纪。因此，创新能力是评估一个国家综合实力最关键的标准，谁在知识和科技创新方面占据优势，谁就能够在发展上掌握主动权。加强创新方法研究与应用，提升创新能力，不仅意味着可以进入并占领科学研究的前沿和战略制高点，促进重要自主知识产权的拥有并引导社会的发展和进步，而且意味着向新的领域、新的方向开拓时占据先机。因此，创新方法是科技创新的手段，也是科技创新的内容。先进的创新方法是提升国家自主创新能力的重要武器。

目前，以产品为中心的工业社会消费形态正逐渐步入以无形服务为主的后工业社会消费形态。以服务业为主的第三产业在最近几十年里得到了迅速发展。目前，我国的服务业存在总体规模小、服务水平不高、结构不合理、体制改革和机制创新滞后等问题，制约了服务业的快速发展[3]。我国政府正在大力推进信息化和工业化的两化融合，目标是实现"科技含量高、经济效益好、资源消耗低、环境污染少、人力资源优势得到充分发挥的现代化工业"[4]。在"集成化、协同化"的基础上，"敏捷化、服务化、绿色化"及"知识/技术创新"正成为制造业的核心竞争力。我国制造业需要秉承可持续生产与消费原则，采取以顾客为中心的商业模式，实现大规模产品的同质化和多样化生产。这一系列要求促使制造企业从仅关注物质产品转变为关注实体产品和服务行为的整合。

产品服务系统（Product Service Systems，PSS）是诞生于20世纪90年代的一种服务性思想，指制造业及其相关行业从仅生产和销售物质产品，转变为关注能满足顾客需求的物质产品和服务行为的整合。与传统的生产模式相比，其资源消耗更低，环境污染更小[5]。产品服务系统的内涵不仅包括产品售后服务体系的进一步完善，还包括通过产品服务的一体化方案减少物质流（产品数量），增加环境友好性，从而更好地满足用户需求。产品服务系统强调了服务的重要性，具有创新的服务内部机制，它的出现和应用将对我国服务业的发展起到一定的推动作用。

产品服务系统的出现，对促进社会可持续发展、提高企业的市场竞争力、实现多元化的顾客需求等方面都产生了积极的影响。从社会角度看，传统工业企业往往盲目追求经济效益，忽视环境污染问题，对社会和环境造成了很大压力。社会的发展必须遵循人与自然、生产与资源、发展与环境和谐发展，尽可能地发展低能耗、低污染的现代化工业。在此背景下，我国大力推进以经济发展、资源保护和生态环境相互协调为目标的可持续发展战略。产品服务系统将营销方式从传统企业出售实体产品转变为现代化工业企业出售产品的功能或结果。现代化制造企业更加关注产品使用寿命的延伸、产品资源的合理化配置和产品回收再利用等产品全生命周期中后段内容。通过减少对不可再生资源的消耗和减小产品使用过程中对环境带来的不利因素，促进生产与消费持续发展。从企业角度看，目前越来越多的企业面临着3C环境共同作用的影响，3C即顾客（Customer）、竞争（Competition）、变化（Change）。随着社会经济的发展和生活质量的改善，顾客对产品性能的需求日趋多样化。单一的产品形式和单纯的买卖关系已经不能适应目前的需要，这迫使企业急需发掘新的获利点和竞争点。产品服务系统将单一的产品形式转变为服务与产品的组合，通过多样化和差异化的产品形式，增加企业的市场竞争力，为制造企业创造新的发展机遇；与此同时，在保证产品基本功能的基础上，尽可能地减少实体产品的使用，从而提高了资源的利用率，从根本上降低了企业的生产成本。通过制造企业和顾客在设计和生产过程中不断的交流和反馈，共享产品相关信息，以不断适应政治、经济和社会环境的变革。从顾客角度看，随着生活质量的不断改善，消费者的环境保护意识逐渐增强，同时更加追求客户化、定制化的产品。通过产品服务系统，制造商一方面可以在满足顾客功能需求的条件下，提供多样化的产品设计方案，更好地满足用户需求；另一方面，产品服务系统提高了资源的使用效率，减少了实体产品在使用过程中对环境造成的污染，在减少原材料消耗的同时，满足消费者对环境保护的要求。

随着信息通信技术（Information and Communications Technology，ICT）、数字孪生技术（Digital Twins，DT）、物联网（Internet of Things，IoT）等技术的飞速发展，产品服务系统作为一种企业负责在产品全生命周期服务内形成的产品与服务高度集成的生产系统[6-7]，产品和服务的集成方式也更加智能化、创新化和互联化。目前，产品服务系统理念已经在许多领域中得到了初步的应用，如汽车行业[8-9]、IT行业[10]以及基础制造业等[11-12]。产品服务系统创新设计过程框架、规范化的产品服务系统设计流程等方面的研究，将对产品服务系统在更为广阔的领域中的应用和深入推广起到一定的作用。因此，研究产品服务系统的过程建模和建模过程中的关键技术，研究产品服务系统设计中的各种机理，明确有利于产品服务系统的设计规范和设计流程，对从理论上提升产品服务系统、满足顾客需求、降低环境消耗具有重要价值。

1.1 创新设计与服务设计

1.1.1 创新设计

创新（Innovation）的起源可追溯到1912年美籍经济学家熊彼特的《经济发展概论》[13]：创新是指把一种新的生产要素和生产条件的"新结合"引入生产体系。它包括五种情况：引入一种新产品，引入一种新的生产方法，开辟一个新的市场，获得原材料或半成品的一种新的供应来源。熊彼特的创新概念包含的范围很广，如涉及技术性变化的创新及非技术性变化的组织创新。

创新有别于创造（Creation）和发明（Invention）。对于创新的定义，比较权威的有两个：一是2000年联合国经济合作与发展组织（OECD）提出的："创新的含义比发明创造更为深刻，它必须考虑在经济上的运用，实现其潜在的经济价值。只有当发明创造引入经济领域，它才成为创新。"二是2004年美国国家竞争力委员会《创新美国》计划中提出的："创新是把感悟和技术转化为能够创造新的市值、驱动经济增长和提高生活标准的新的产品、新的过程与方法和新的服务。"

设计是在有限的时空范围内，在特定的物质条件下，人们为了满足一定的需求而进行的一种创新思维活动的实践过程。设计是人类征服自然和改造世界的基本活动之一，它既是创新技术人性化的重要因素，也是经济文化交流的关键因素。"创造"或"知识"通过"设计"的实践实现具有经济价值的创新，创新又带来新知识。"设计"中的创新设计及产品创新设计在人类探索自然、促进人类文明发展的历程中具有无可替代的意义。

创新设计是指充分发挥设计者的创造性思维，将科学、技术、文化、艺术、社会、经济融于设计之中，设计出具有新颖性、创造性和实用性的新产品的一种实践活动，其主旨是在最有可能发挥创造力的产品概念设计阶段产生新的有市场竞争力的概念或设想，即创意方案[14]。这些方案最终形成的产品或在功能、或在外表、或在使用方式、或在表达思想上具有与众不同的特性，使顾客能够在市场上迅速被吸引，继而接受该新产品。创新设计的理论、方法和工具的研究与普及，是通过创建有利于设计人员进行创新的理论模型、思维方法和辅助工具，来引导、帮助设计人员有效地利用内外部资源激发创新灵感，在产品概念设计、方案设计阶段高效率、高质量地提出创新设计方案，有效满足客户对产品求新和多样化的需求，从而成为提高企业新产品开发能力和经济效益的根本手段。

目前，产品创新设计已有较为完善的设计理论、技术和方法。主要成果包括以下四个方面[15]：

（1）以人为主体，强调打破思维定势，围绕人的思维方法，基于认知心理学的创造性思维研究。

（2）围绕人类感知和思维信息处理过程的基于认知科学的概念设计研究。

（3）以技术系统为主体，着重研究技术创新规律，着重逻辑思维的基于工程技术规律的发明问题研究。

（4）设计过程中对各种知识的识别、组织、提取和再应用的基于知识的概念设计研究等。

上述四个研究方向，主要是以实体产品为研究对象，缺乏对实体产品和无形服务之间的关系和服务活动的表达等方面的研究。现有的仅面向产品或服务的设计方法已经不能很好地解决产品服务系统概念设计问题。当前的研究需要侧重于运用新的设计技术和方法构建产品服务系统概念设计框架，明确产品与服务之间的关系，更好地实现产品服务系统设计。

1.1.2 服务设计

目前，较为公认的服务设计过程包括问题定义、用例分析、实验性架构、测试、最终执行[16]等步骤。与产品设计不同，服务设计的对象不再是实物而是活动。产品设计中的部分技术和方法在一定程度上也同样适用于服务方案的设计。现有的服务方案设计方法可以划分为两大类：面向顾客需求的产品服务系统设计[17-18]和基于功能变换的产品服务系统设计[19]。这两种设计模式都适合于工程应用背景下的服务设计。

由于服务具有无形性等特性，服务的建模与表达是服务方案设计研究的关键。常用的服务建模方法有 Petri 网[20]、服务蓝图法[21]、服务扩展的 USML 语言[22]、设计结构矩阵[23]等。其中，服务蓝图法是最常用的一种服务建模方法。该方法于 1984 年由 Shostack 首次提出，随后 Brundage[24] 等人做了大量改进。该方法对顾客活动、前台用户交互服务和后台服务进行了流程化、可视化的描述。Flieβ 进一步对服务蓝图进行了研究，划分出顾客直接参与和顾客间接参与这两种不同类型的服务活动[25]。Shimomura 等人认为服务蓝图法没有与顾客需求建立联系，规范化的符号标示存在不足，为解决上述问题提出了一种扩展的服务蓝图法[26]。该方法与顾客需求建立联系的同时，借鉴商业过程建模注释法对服务蓝图的表示符号进行了完善；通过 USML 语言支持服务交互过程建模，采用构件化的服务设计思想，有利于服务设计的复用；设计结构矩阵（Design Structure Matrix,

DSM）能有效地描述服务元素之间的相互依赖关系，支持服务流程的分解，提高服务设计的效率。

产品创新设计中的部分技术和方法在不同的情况下可以作为服务设计的辅助手段引入服务方案的设计中。Sakao 等人建立了由不同利益相关者参与的不同设计空间共同构成的服务系统模型，为顾客需求和服务活动/产品行为之间构建了设计桥梁[27]。Chai 等人将发明问题解决理论（TRIZ）引入新服务设计中，根据顾客需求定义待解决的服务问题，并转化为 TRIZ 标准问题，采用 TRIZ 中的矛盾冲突矩阵和物—场分析法等问题分析解决工具解决 TRIZ 标准问题，最后将 TRIZ 标准解转化为一般的服务设计方案[28]。Jay Lee 提出了一种综合运用创新矩阵、空间映射和质量功能配置方法的服务设计过程[29]。张卫等采用工业大数据和模块化技术构建了包含智能服务大数据环境、智能服务模块分解和智能服务模块优化的智能服务模块体系，并基于结构矩阵模型优化智能服务模块[30]。张重阳等针对服务要素优化配置问题，基于质量屋描述顾客需求与服务要素和服务项之间存在的关系并确定权重，构建客户满意度最大化的服务要素优化配置方案[31]。任彬等提出了生命周期大数据驱动的智能制造服务新模式的关键技术体系与实现框架，包括制造和运维动态数据驱动的产品与服务设计、实时多源数据驱动的生产过程分析与优化、面向服务的运维数据故障演化分析与预测等功能[32]。产品创新设计方法和理论的引入，能辅助服务设计流程和模型的完善。但现有的产品创新设计方法和理论没有考虑服务的一些特质，也没有考虑创新设计阶段服务与产品之间的关系，因而不能全面代表产品服务的设计过程，需要考虑更加完善的设计模型与流程。

1.2　产品服务系统概述

产品服务系统由于其构成资源丰富、产品结构复杂、服务类型多样、客户化程度较高，需要随着产品生命周期不断推进对产品服务系统进行动态改进。产品服务系统概念设计体系框架由一整套方法、规则与步骤构成，以支持相关制造企业实现需求。

1.2.1　产品服务系统的定义

目前，产品服务系统主要由两个部分组成：实体产品和无形服务。在现有的产品服务系统中，通常以实体产品为核心，提供满足用户需求的主要功能；以无形服务为外壳，为实体产品提供相关辅助功能，在延长实体产品使用寿命的基础上，增强产品服务系统的整体性能[33]。有形产品和无形服务既相互影响又相互关联。无形服务影响有形产品的使用寿命和运行效率，有形产品决定无形服务的表现形式和内容。

产品服务系统诞生之初，只是学者为实现产品全生命周期内的价值增值和生产与消费的可持续性而提出的一个简单理念。该理念恰恰为从服务的层面上更好地设计、运行与维护产品提供了新的机遇。产品服务系统的内涵以及具体组成部分并没有明确定义。因此，国内外学者开始对产品服务系统的内涵与运行机制开展广泛的研究[12][34−37]。其中对产品服务系统的定义成为目前国内外学者研究的一个热点。到目前为止，产品服务系统尚无较为统一的定义。

表 1.1 中列举出了一些得到广泛认可的产品服务系统的定义或描述。

表 1.1　产品服务系统定义

作者	产品服务系统定义
Goedkoop[38]	一种由产品、服务和市场网络组成的系统，支持产品服务内部关系满足客户需求，对环境损害小

作者	产品服务系统定义
Centre for Sustainable Design[39]	一种由产品和相关支撑设备以及必要的网络组成的预先设计好的系统，在实现用户需求、实现相同功能的情况下，对环境的损害小，并具有自修复功能
Mont[40]	在减小环境损害、满足用户需求的基础上，通过产品、服务、支撑网络和设计要素共同组成适应市场竞争的系统
Wong[41]	一种提供产品和服务组件的系统，能传递需要的功能
顾新建[42]	一种在产品制造企业负责产品全生命周期服务（生产者责任延伸制度）模式下所形成的产品与服务高度集成、整体优化的新型生产系统

总结上述定义，可以得出产品服务系统所共同具备的几点要素。

（1）产品服务系统的目标：满足差异化的顾客需求，并且降低物质损耗和对环境产生的不利影响。

（2）产品服务系统的理念：不仅关注产品或服务本身，而且关注其所能提供的功能或结果。

（3）产品服务系统的形式：产品和服务具有统一的设计框架，并在设计过程中发生交互。

实体产品的具体结构、无形服务的内容和途径、产品和服务的相关资源以及网络化的交互关系四个要素相互作用，共同构成产品服务系统。在产品生命周期的不同阶段，引入不同的产品与服务的交互关系和各类资源相互协同，实现价值的增值。面向产品生命周期的产品服务系统三维模型，以产品生命周期为时间坐标，以各类资源为资源坐标，以产品和服务之间的交互关系为应用坐标，共同描述了包含诸多元素的复杂的产品服务系统，如图

1.1 所示。

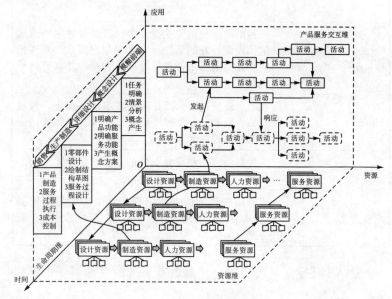

图 1.1　产品服务系统三维模型

产品服务系统三维模型包括生命周期维、资源维、产品服务交互维三个维度。

（1）生命周期维：产品服务系统全生命周期包含了产品服务系统整体的设计、生产、分销、售后、废旧产品回收和再利用等一系列流程。产品和服务相互协作以保证在不同的生命周期节点上产品服务系统的顺利实施。

（2）资源维：产品全生命周期过程的各个阶段，需要不同设计资源的支撑。在产品服务系统生命周期过程中，通过一定的方式将资源进行合理分配，尽可能地减少各类资源的消耗，是降低企业生产成本、提高企业竞争水平的重要途径之一。

（3）产品服务交互维：在不同的生命周期阶段，通过不同的相关资源进行支撑的产品服务活动的交互。

产品服务系统从广义上讲是通过产品服务之间的交互行为，以硬件资源、软件资源和人力资源等各类资源作为支撑，共同形成的一个完整的、动态的系统。从狭义上讲，产品服务系统是以实现用户需求和价值增值为最终结果，将有形产品和无形服务进行有机整合，旨在为用户提供一种商业模型，使得用户能在物质流最小，环境污染最少的情况下，更好地获得其所期望的功能。本书的研究主要基于狭义的产品服务系统。

1.2.2 产品服务系统分类研究

产品服务系统目前存在多种分类方式。Manzini 依据生命周期中服务的引入目的将产品服务系统分为结果导向型和使用导向型两种[43]。Robin Roy 依据服务的实现路径将产品服务系统分为结果导向型、分享共享型、延伸产品生命周期型和减少需求型这四种类型[44]。Tukkery 则根据产品和服务之间的不同比重关系，将产品服务系统分为面向产品、面向使用和面向结果三种类型[45]：①面向产品的产品服务系统（Product-oriented PSS）：引入服务的主要目的是保障实体产品的正常工作。产品的所有权转移给用户，制造商或服务提供商在用户使用过程中提供相应的服务。②面向使用的产品服务系统（Use-oriented PSS）：与面向产品的产品服务系统相比，服务占更多比重。用户将产品的所有权转变为通过租赁、共享等方式获得的使用权。其中产品设计和服务设计都采用系统化的设计方式分开设计。③面向结果的产品服务系统（Result-oriented PSS）：理想情况下产品完全被服务所代替，提供一种全新的功能实现方式，以出售产品的使用"结果"代替出售实体产品，从而减少实体产品需求。

目前，Tukkery 的分类方式得到了较为广泛的认可，如图1.2所示。

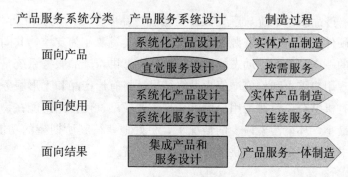

图 1.2　产品服务系统分类

产品服务系统概念从提出至今的几十年里一直处于不断的发展和完善过程中。学者从不同的角度讨论了产品服务之间多种可能的交互关系。传统的产品供应模式，从最初的以产品提供为主，逐步发展为产品与服务并重、相互促进。产品服务系统的研究重点应该是从产品生命周期的各个阶段考虑产品与服务之间的交互关系，由于创新设计是产品生命周期过程中至关重要的一个过程，本书的主要目的是研究创新设计阶段产品与服务之间的关系。本节从产品服务之间的不同交互关系角度考虑，借鉴制造服务成熟度模型的思想[46]和 FBS 设计过程模型[47]，将产品服务系统划分成三种不同的类型：①基于结构的产品服务系统；②基于行为的产品服务系统；③基于功能的产品服务系统。

1.2.2.1　基于结构的产品服务系统

在基于结构的产品服务系统中，制造者对产品结构的关注必不可少，产品服务系统不能脱离具有实体结构的产品而单独存在。制造者将仅通过实体产品满足客户需求这种单一的供求形式，变成了多元化的产品形式，使产品不仅包含客户的使用需求，还围绕着产品结构添加可以维持使用需求的一系列服务。

基于结构的产品服务系统围绕产品的使用过程，将传统的制造企业只销售产品，用户在使用过程中自己去维护这一原始交易形态，逐步转变成在销售产品的基础上提供相应的服务保障，以维持一段时间内产品的正常使用这一较高级别的交易形态。例如，通过建立客户服务中心形成实体化、远程化的服务网络等。最终期望的交易形态是能够实现制造企业在提供售后服务的同时对产品的运作过程进行实时监控，发现实体产品隐患并启动应急机制，提供实施监控、零部件替换、定期上门维修等服务，在所有权不发生转移的情况下，保障用户所需要的产品使用功能。

1.2.2.2 基于行为的产品服务系统

在基于行为的产品服务系统中，主要考虑实体产品的合理化利用和分配，服务作为一种过程成为实体产品合理化分配的载体和途径。在该阶段，制造者拥有实体产品的所有权，并将实体产品的功能以服务的形式提供给用户。

基于行为的产品服务系统围绕产品的提供途径，将传统的制造企业制造并完全出售产品所有权这一原始的交易形态，逐步转变为制造企业部分出售产品的所有权，以合约的形式将产品的使用年限提供给用户，制造企业将在使用年限内保障产品的正常使用，从而实现在制造企业和特定用户的封闭环境中，尽可能地提高实体产品资源的使用效率。基于行为的产品服务系统最终的理想状态是实现制造企业在开放环境中随时、动态地为用户提供实体产品，用户能够通过第三方产品中心这一智慧化的实体产品调度服务平台，随时在开放环境中查找并租赁最优实体产品。第三方产品中心聚集了大量的实体产品资源，通过智慧化的调度实现产品的最大化利用，并能够对资源进行优胜劣汰。

1.2.2.3 基于功能的产品服务系统

在基于功能的产品服务系统中制造者关注的重点是功能，而对于如何实现这个功能不再特别关注。制造者不再制造有形产品，以全新的服务方式实现客户需求。

基于功能的产品服务系统围绕用户需求，将用户根据需求寻找相应产品的功能或寻找相应的服务活动，逐步转变为根据用户需求，第三方服务公司提供适合的实体产品和服务行为配置，并将其结果提供给用户，用户完全不用拥有任何实体产品就能获得所需要的功能。基于功能的产品服务系统的最终理想状态是，第三方服务公司能在开放的环境中搜集用户动态的需求信息，根据动态的需求信息不断地进行产品的配置更改，并自动推送满足用户需求的产品服务整合，以最佳的产品资源配置和最高效的产品资源使用率提供的服务来满足不断变更的用户需求。

1.2.3　产品服务系统创新设计

设计是"人"（设计者/用户）与"物"（产品）经过交互，最终获得期望产品的过程。依据设计时的侧重点，设计研究可以分为两个方面：面向人的研究和面向物的研究。产品服务系统由产品和服务组成，本书认为对实体产品的研究属于面向物的研究，对无形服务的研究属于面向人的研究。与传统的仅仅面向人或面向物的研究不同，产品服务系统概念设计关注的重点是实体产品与无形服务之间的交互，是一种同时面向人和物的设计研究，其设计过程具有与面向产品设计不同的特性。

产品服务系统创新设计具有如下两个特点：设计对象的异质性和设计过程的复杂性。产品服务系统设计对象是产品和服务，两者具有不同的特性，是本质不同的两类设计对象，具有典型的设计对象异质性。同时，由于用户需求需要同时向产品和服务两个方面分配与传递，并且在设计过程中产品功能与服务功能之间发生交互，增加了设计过程的难度，具有设计过程的复杂性。因此，现有的单一面向产品或单一面向服务的设计理论和方法都不能很好地适用于产品服务系统创新设计。需要针对产品服务系统的特点，提出一种面向产品服务系统创新设计的方法模型。

本书总结了产品服务系统创新设计中存在的主要问题，包括：

（1）产品服务系统创新设计过程模型不规范。目前，国内外学者对产品服务系统设计过程模型开展了一定的研究，也提出过一些设计过程模型。这些模型从不同的用户需求出发，适用于不同的设计领域，各具特点。但是至今没有提出一个较为规范化的产品服务系统创新设计过程模型。

（2）用户需求向产品—服务功能的传递与分配的过程不确定。根据本书提出的产品服务系统创新设计过程，用户需求首先需要转化为产品服务系统的功能特征。产品服务系统的功能既包含产品功能又包含服务功能，二者交互共同组成整体解决方案。用户需求需要在产品功能和服务功能之间进行合理的分配和传递，以确保产品与服务定位的均衡性。

（3）产品功能和服务功能之间交互关系不明确。产品功能和服务功能的有效交互和匹配是产品服务系统概念设计的关键。功能间的交互和匹配需要建立在同一功能表达模型的基础上，采用不同的设计和功能推理策略，实现产品功能和服务功能之间的交互过程，考虑产品服务之间的内部联系，以确保产品和服务配置的合理性。

（4）计算机辅助产品服务系统创新设计过程的缺乏。目前，产品服务系统创新设计过程少有计算机技术的支撑。因此，需要基于产品服务系统创新设计流程与计算机辅助产品创新设计平台的优势与特点，探索如何将产品服务系统创新设计过程与计算机辅助创新设计平台相互融合，构建产品服务系统创新设计系统，以提高设计者的设计效率。

1.3 主要内容和章节安排

本书围绕产品服务系统创新设计，通过讨论产品设计和服务设计之间的区别和联系，对面向创新设计的产品服务系统设计过程框架进行了深入探索，构建了一种较为规范化的产品服务系统创新设计过程模型，制定了"顾客需求向产品功能/服务功能的有效传递与分配"和"产品与服务之间的交互关系"两个创新设计策略，并在理论研究和应用实践的基础上归纳产品服务系统创新工具。本书是关于产品服务系统创新设计领域的理论与实践研究的成果，有较强的理论性和实际应用价值。

本书共分5个章节对所述问题进行分析、探讨和阐述，各章节的主要内容如下。

第1章：概论。通过分析产品创新设计、服务设计及产品服务系统的研究背景，提出了产品服务系统设计分类，阐述和归纳了产品服务系统创新设计研究的重要意义，提出研究产品服务系统创新设计的理论基础和技术路线。

第2章：产品服务系统创新设计过程模型。对产品服务系统的设计过程和组成要素进行了描述，探索产品服务系统设计过程的本质原理和规律，构建了从需求层到功能层，再到产品/服务交互层，最后到环境支撑层，四层交互迭代的产品服务系统创新设计过程模型。

第3章：用户需求到产品/服务功能特征的映射与分配方法。基于 Kano 模型进行用户需求定义和分类，并根据模糊聚类方法进行用户需求隶属度计算，根据 AHP 进行产品/服务需求重要度排序，再根据不同需求类型和权重进行产品/服务需求重组。

第4章：基于 TRIZ 理想解和功能激励的产品服务系统创新设计方法。从功能的角度出发，首先通过 TRIZ 理想解的理想化水平确定了产品服务系统可能的进化路线，再基于服务蓝图法和功能系统建模法建立了产品服务系统功能蓝图模型，最后以功能协同、功能补充和功能替代等功能激励策略作为进化手段，构建了一种产品功能与服务功能交互的设计方法。

第 5 章：计算机辅助机电产品服务系统创新设计。本章是对本书提出的产品服务系统创新设计相关理论方法和关键技术应用于实践的验证。本书对该原型系统的开发环境、运行流程以及一些典型步骤的运行实例进行了分析，最后以设计示例展示了原型系统子模块系统的应用流程。

参考文献：

[1] 冯之竣. 知识经济与中国发展 [M]. 北京：中共中央党校出版社，1998.

[2] Mihail C. Roco and William Sims Bainbridge. Converging technologies for improving human performance，NSF/DOC-sponsored report，by National Science Foundation，June 2002.

[3] 蔺蕾，吴贵生. 服务创新 [M]. 北京：清华大学出版社，2009.

[4] 原鑫，武邦涛. 面向先进制造业的现代服务业优化研究 [J]. 陕西农业科学，2010 (1)：248−257.

[5] Manzini E，Vezzoli C，Clarj G. Product−service systems：Using an existing concept as a new approach to sustainability [J]. Journal of Design Technology，2001，1 (2)：19−31.

[6] 顾新建，李晓，祁国宁，等. 产品服务系统理论和关键技术探讨 [J]. 浙江大学学报：工学版，2009，43 (12)：2237−2243.

[7] 江平宇，朱琦琦，张定红. 工业产品服务系统及其研究现状

[J]. 计算机集成制造系—CIMS, 2011, 17 (9): 2071 – 2079.

[8] Whitelegg J, Britton E E. Carsharing 2000 – A hammer for sustainable development [J]. Journal of World Transport Policy and Practice (special issue), 1999, 5 (3): 129–138.

[9] 武春龙, 朱天明, 张鹏, 等. 基于功能模型和层次分析法的智能产品服务系统概念方案构建 [J]. 中国机械工程, 2020, 31 (7): 13.

[10] IBM. Service Science, Management and Engineering (SSME) [OB/EL]. [2007–2–27]. http://www. research. ibm. com/SSME/.

[11] 张在房, 樊蓓蓓. 产品服务系统共生设计理论与方法 [J]. 计算机集成制造系统, 2021, 27 (2): 328–336.

[12] 李浩, 王昊琪, 程颖, 等. 数据驱动的复杂产品智能服务技术与应用 [J]. 中国机械工程, 2020, 31 (7): 1–16.

[13] 约瑟夫·熊彼特. 经济发展理论 [M]. 北京: 商务印书馆, 1990.

[14] 李彦. 产品创新设计理论及方法 [M]. 北京: 科学出版社, 2012.

[15] 李彦, 李翔龙, 赵武, 等. 融合认知心理学的产品创新设计方法研究 [J]. 计算机集成制造系统—CIMS, 2005, 11 (9): 1201–1207.

[16] Morelli N. Product – service systems, a perspective shift for designers: A case study: the design of a telecentre [J]. Design Studies, 2003 (24): 73–99.

[17] Ramaswamy R. Design and management of service processes [M]. Addison-Wesley, MA, 1996.

[18] Fisk R P, Grove S J, John J. Interactive services

marketing [M]. Houghton Mifflin Company，2003.

[19] Bitran G R, Mondeschein S. A structured product development perspective for service operations [J]. European Management Journal，1998，16 (2)：169-189.

[20] 阿斯特等. 工作流管理：模型、方法和系统 [M]. 王建民等译. 北京：清华大学出版社，2004.

[21] Shostack G L. How to design a service [J]. European Journal of Marketing，1981，16 (1)：49-63.

[22] 莫同，徐晓飞，王忠杰. 面向服务系统设计的服务需求模型 [J]. 计算机集成制造系统—CIMS, 2009，15 (4)：661-669.

[23] MacCormack A, Rusnak J, Baldwin C Y. Exploring the structure of complex software designs：An empirical study of open source and proprietary code [J]. Management Science，2006，52 (7)：1015-1030.

[24] Kingman-Brundage J. The ABCs of service system blueprinting [J]. In：Lovelock C H. (Ed.) Managing Service，2nd ed. Prentice Hall，Englewood Cliffs，NJ，1992.

[25] FlieB S. Blueprinting the service company：Managing service processes efficiently [J]. Journal of Business Research，2004，57 (4)：392-40.

[26] Yoshiki S. A unified representation scheme for effective PSS development [J]. CIRP Annals-Manufacturing Technology，2009 (58)：379-382.

[27] Tomohiko S, Yoshiki S. Service CAD system to integrate product and human activity for total value [J]. CIRP Journal of Manufacturing Science and Technology，2009

(1)：262-271.

[28] Chai K H, Zhang J, Tan K C. A TRIZ-based method for new service design [J]. Journal of Service Research, 2005 (8)：48-66.

[29] Jay L. Innovation product advanced service system（I-PASS）：Methodology, tools, and applications for dominant service design [J]. Intelligent Journal of Advanced Manufacturing Technology, 2011 (52)：1161-1173.

[30] 张卫，丁金福，纪杨建，等. 工业大数据环境下的智能服务模块化设计 [J]. 中国机械工程，2019, 30 (2)：8.

[31] 张重阳，樊治平，徐皓，等. 服务方案设计中的服务要素优化配置 [J]. 计算机集成制造系统，2015, 21 (11)：9.

[32] 任杉，张映锋，黄彬彬. 生命周期大数据驱动的复杂产品智能制造服务新模式研究 [J]. 机械工程学报，2018 (22)：10.

[33] Aurich J, Fuchs C, Wagenknecht C. Life cycle oriented design of technical product service system [J]. Journal of Cleaner Production, 2006 (14)：1480-1494.

[34] 江平宇，朱琦琦，张定红. 工业产品服务系统及其研究现状 [J]. 计算机集成制造系—CIMS, 2011, 17 (9)：2071-2079.

[35] Fernanda H B, Marcelo G G F, Paulo A C M. Product-service systems：A literature review on integrated products and services [J]. Journal of Cleaner Production, 2013, 47 (1)：222-231.

[36] Sergio C, Giuditta P. Product-service systems engineering：State of the art and research challenges [J]. Computers in

Industry, 2012, 63 (4): 278-288.

[37] Marco G, Paolo R, Sergio T. Life cycle simulation for the design of product-service systems [J]. Computers in Industry, 2012, 63 (4): 361-369.

[38] Goedkoop M, et al. Product service systems, ecological and economic basis [J]. Report for Dutch Ministries of Enviroment (VORM) and Economic Affairs (EZ), the Hague, 1999.

[39] ERSCP2004 Workshop. Sustainable product-service systems [J]. Summary Brochure SUSPRONET, 2004.

[40] Mont O. Clarifying the concept of product service systems [J]. Journal of Cleaner Production, 2002, 10 (3): 237-245.

[41] Wong M. Implementation of innovative product service-systems in the consumer goods industry [D]. Cambridge: Cambridge University, 2004.

[42] 顾新建, 李晓, 祁国宁, 等. 产品服务系统理论和关键技术探讨 [J]. 浙江大学学报: 工学版, 2009, 43 (12): 2237-2243.

[43] Manzini E, Vezolli C. A strategic design approach to develop sustainable product service systems: Examples taken from the "environmentally friendly innovation" Italian Prize [J]. Journal of Cleaner Production, 2003 (11): 851-857.

[44] Roy R. Sustainable product-service system [J]. Future 2000 (32): 289-299.

[45] Arnold T. Eight types of product-service system: Eight ways to sustainability [J]. Experiences from Suspronet. Business

Strategy and the Environment，2004（13）：246－260.

［46］战德臣，程臻，徐晓飞. 制造服务及其成熟度模型 ［J］.
计算机集成制造系统—CIMS，2012，18（7）：1584－1595.

［47］Paulk M C，Curtis B，Chrissis M B，et al. Capability
maturity model，version 1.1 ［J］. IEEE Software，1993，
10（4）：18－27.

第 2 章　产品服务系统创新设计过程模型

产品服务系统体系由于其构成资源丰富、产品结构复杂、服务类型多样、客户化程度较高，需要随着产品生命周期不断推进对产品服务系统进行动态改进。产品服务系统创新设计体系框架由一整套方法、规则与步骤构成，以支持相关制造企业实现需求。本书以产品创新设计过程模型中的环境层、功能层、行为层、结构层四个设计层次的内在规律为依据，提出了一种支持产品服务系统创新设计的设计过程模型。该模型引入了用户需求层，合并了行为层和结构层，将设计过程分为环境层、用户需求层、功能分解层、产品/服务交互层四个层次，并给出了每个设计层次之间设计信息的定义和表达。通过设计信息不断在四个设计层次之间进行往复映射，获得合理的产品服务系统创新设计方案。

2.1　产品服务系统的设计过程和组成要素

产品服务系统的产品构成复杂、服务多样化、顾客化程度高，需要随着业务流程的变更对服务系统进行动态改进，需要构建一套覆盖全生命周期的方法体系。

2.1.1　产品服务系统设计过程描述

面向全生命周期的产品服务系统包含产品的设计、制造、售后、回收等一系列流程。产品服务系统设计过程是一个设计知识从抽象到具体、逐步细化、反复迭代的过程，是设计知识的物化和结构化。本书借鉴文献[1]提出的产品设计过程的构造思想建立了产品服务系统设计过程的结构化模型。该模型包含以用户需求为输入，产品/服务集成方案为输出，由整体到局部的层次化映射求解过程下完整的产品服务系统建模和构建的方法和技术。

整个产品服务系统的构建过程可以表达为一个三元组：

$$M = \{E, P, K\} \qquad (2-1)$$

式中 E 为产品服务设计状态子集，它包含服务流程、产品结构等相关属性。

$$E_n = \{X_1(t_1), X_2(t_2), \cdots, X_n(t_n)\} \qquad (2-2)$$

式中 t 表示时间，$X_n(t_n)$ 表示属性 E_n 在某一时间的状态。

P 表示施加于不同设计状态上的建模或构建方法使得产品服务设计状态发生转移。K 为支持产品服务系统设计所需的各种设计知识。所有的设计子过程按一定逻辑组合顺序形成完整的产品服务系统设计映射过程。

$$M = \sum_{i=1}^{n} P_K(E_i \rightarrow E_{i+1}) \qquad (2-3)$$

PS_f 表示产品服务系统的需求功能描述，R_c 表示产品服务系统构建中需要遵循的规则、标准和相关协议等，F_r 表示所构建的产品服务系统的体系结构，则产品服务系统的构建模型 C_s 可以表示为：

$$C_s = \langle PS_f, M, R_c, F_r \rangle \qquad (2-4)$$

2.1.2　产品服务系统的组成要素

产品服务系统创新设计过程是一种以满足用户需求为基础，以产品和服务交互为手段，以减少资源消耗为目的的系统化的工程方法。将不同利益相关者对产品服务系统的需求，映射和转化为相应的产品功能和服务功能，最后得出相应的产品服务交互设计方案。通过面向全生命周期的产品资源/服务资源的网络化组合，构建出产品服务系统创新设计流程框架并加以运行。

面向全生命周期的产品服务系统的组成要素可以描述为以下六元组：

$$PSS= \{SG，SR，SO，SF，PS，SB\}$$

SG（System Goal）表示系统目标，指通过产品服务系统，为不同利益相关者提供实体产品/无形服务的相关信息、知识和技术支持，有形产品和无形服务相互交互共同构成产品服务协同应用环境。

SR（System Resource）表示系统资源，指产品服务系统中产品服务交互过程的资源提供方，能为顾客等其他利益相关者提供相关的产品资源和服务资源。

SO（System Object）表述系统对象，指产品服务系统中的接受对象，其通过产品服务系统获取所需的产品/服务结果，并实现其所需的目标功能和价值增值。

SF（System Function）表示系统功能，主要指产品服务系统中产品和服务交互共同满足用户需求的功能。除了交互关系过程描述，SF 还对产品之间、服务之间、系统和利益相关者之间、各类资源和系统之间的网络化组织关系进行了描述。

PS（Product Structure）表示产品结构，主要描述系统主体在产品服务交互过程中，为满足顾客需求存在的相关实体产品结构，同时也包括对产品结构、产品消耗的制造资源和遵循的设计过程的制定。

SB（Service Behavior）表示服务行为，主要描述系统主体在产品服务交互过程中，为了满足用户需求存在的相关无形服务内容和服务方式，也包括对服务行为的主要参与者、服务行为的相关工具和需要遵守的相关服务规则进行明确。

2.2　产品服务系统创新设计实现的相关理论支撑

产品服务系统创新设计研究是在总结现有产品创新设计和服务设计的理论、方法与技术的基础上，考虑了服务与产品不同的特性，总结提出的一种较为规范的创新设计过程。在建立产品服务系统创新设计过程模型之前，笔者先对相关的产品创新设计和服务设计的理论、方法和技术进行简单的概述。

2.2.1　功能定义

功能是工程设计中一个重要的概念，用以直觉化地表达一个系统的潜在意图。产品服务系统是由产品功能和服务功能交互实现的，在进行产品服务系统研究之前，需要明确什么是功能。

功能是在用户需求的"主观领域"和物理实体的"客观领域"之间形成的设计信息传递的桥梁。功能表达了为什么使用这些物理实体，并由此形成了产品设计目的论的关键组成部分。功能与设计的另外两个要素行为和结构密切相关，功能描述了为什么要这样，行为和结构描述了功能是如何被实现的。

功能通常通过"动词—名词"按照"做什么"的形式进行表达，可以用来作为前后设计信息联系的补充，在本书中功能的一个重要作用就是表达产品服务系统能"做什么"。相同的功能可以被不同的系统实现，一个系统能同时具备多种功能。功能通过映射和转化不仅能分配到物理实体，如产品或组件，还能同时映射到服务、行为和过程中，匹配任何类型的概念解。

功能能够从两个不同的角度进行定义：一方面是系统对其环境影响的角度，另一方面是用来执行系统的特定解的属性角度。功能可以同时从这两个不同的角度进行定义。系统的功能可以通过不同的抽象层次来描述。功能的最抽象的形式是较多以环境为中心，如通过特定解映射得到期望结果，两者之间有较大的距离。抽象级别较低的层次是面向解的描述，表现为解的具体参数。使用解的参数，与其内部配置相关，按照对环境的影响进行功能的表达。传统的产品设计过程，功能的分解介于纯面向解的功能表达和纯面向环境的功能表达之间，是一种混合的系统功能表达形式，该功能表达形式同时具有面向环境和面向解的特征。

2.2.2 TRIZ 理论研究现状

TRIZ 理论是一种基于知识的、面向人的解决发明问题的系统方法学[2]，最初是由俄国学者 Altshuler G S 带领的团队通过对大量的专利进行分析和探索，归纳总结得出的一整套规律性的、系统化的发明问题解决流程。TRIZ 理论主要有三个特点[3]：①TRIZ 理论是在大量总结自然科学和工程中的知识，以及出现问题的领域知识的基础上，提出的一种基于知识的问题解决方法。②TRIZ 理论面向设计者，而不是设计的实体。从问题本身出发，TRIZ 理论中包含的设计工具更注重对设计者思维的启发。③TRIZ 方法是一种系统化的方法，对问题的分析过程采用了通用的设计模型，方便已有知识的迁移和重用。TRIZ 理论发展至今，已经形成了一套完善的问题解决方法体系。其中主要包含 6 大关键部分[4]：创新思维方法和问题分析方法，技术系统进化法则，技术矛盾解决原理，创新问题标准解法，发明问题解决算法 ARIZ，基于物理、化学、几何学等工程学原理而构建的知识库。

目前，各国专家对 TRIZ 理论已经展开了广泛的研究。其中主要的研究内容包括：①对 TRIZ 理论体系本身存在的不足进行研究，通过集成其他先进的创新设计理论思想和设计流程，不断地改进和发展现有的 TRIZ 理论中所包含的问题解决方法和工具[5-9]。②基于认知技术、信息技术等新兴的技术手段，根据现

有 TRIZ 理论中包含的效应库和专利数据库，构建面向设计者的
人机协同计算机辅助设计系统，为新产品的开发提供更有效、更
具体的技术支持[10-13]。③将 TRIZ 理论的应用从单纯的工程技
术领域，向其他领域不断渗透和扩展。通过改进具体问题解决方
法与工具，指导不同领域遇到的具体问题的解决[14]。

目前，将 TRIZ 理论应用于服务设计领域，逐步受到学者的
重视，学者开始对该方向进行研究。其中主要包括：借鉴 TRIZ
发明问题解决理论的从一般问题到特殊问题，再依据特殊问题寻
找标准解，最后将标准解转化为一般解决方案的问题解决过程，
对服务进行设计。并且根据中间存在的 6 个问题，运用 TRIZ 现
有的方法和工具，具体加以分析和解决[16]。Chai 根据 TRIZ 理
论中的物—场分析法等问题分析工具解决了产品服务系统设计过
程中存在的实际问题。Shimomura 基于 TRIZ 理论中的矛盾冲突
矩阵对服务问题解决过程中出现的冲突进行了分析并解决[16]。
但目前关于应用 TRIZ 理论中的技术进化路线指导产品服务系统
设计的相关研究还较少。

TRIZ 理论的技术进化路线，包括技术系统的 S 曲线进化、提
高理想度进化、子系统的不均衡进化、向动态和可控性进化、集
成度先增后减进化、子系统协调性进化、向微观级和场进化、减
少人为作用进化八大进化路线。这些进化路线为产品未来可能的
进化方向给出了科学的预测，引导设计者在某一特定领域寻找设
计解，从而可以减少寻找设计解的时间，提高设计效率。在产品
概念设计研究中，TRIZ 技术进化路线得到了较为广泛的应用。
TRIZ 技术进化路线同样也可以应用于产品服务系统设计，对产品
服务系统进行市场需求、定性技术、新技术产生、专利和战略制
订方案等方面的预测均具有导向性的作用。TRIZ 理论中技术进化
方法可以用来指导解决技术难题，预测产品服务系统可能的发展
方向，对产品服务系统的设计给出具体的方向。

2.2.3　系统化设计过程模型研究现状

产品的概念设计过程通常是一个复杂的往复决策的过程，有关这一过程的代表性研究有公理设计模型和系统化设计模型。公理设计模型将设计过程描述为用户需求在不同设计域之间的往复映射过程，并给出独立性公理和信息最小公理两个约束条件，实现设计过程的优化。目前，已经有学者以公理设计模型为基础，在产品服务系统概念设计阶段展开研究，构建了以公理设计理论为基础的，在需求域、功能域、服务域之间往复映射的产品服务系统概念设计过程模型[17]。

系统化设计过程模型（Function－Structure，FS）最早由 Pahl 和 Beitz 提出，通过功能—结构、结构—下层功能形式将设计过程进行层次划分，并通过多种推理策略实现设计要素在不同设计层次之间的"之"字形往复映射，对设计过程进行优化。但从功能直接映射到结构，会出现信息流动断层，出现映射问题，因此研究者试图在概念设计过程中引入行为，作为功能和结构之间映射的桥梁，提出了行为辅助的功能求解模型（Function－Behavior－Structure，FBS)[18]。FBS 仅实现了自顶向下的瀑布式设计过程，而对于设计过程中的约束条件较少考虑，设计结果往往与实际环境有较大偏离。设计者将环境要素添加到 FBS 中作为约束条件，使整个设计过程能够及时根据外界条件进行调整，提出了基于环境的行为辅助功能求解模型（Function－Behavior－Structure，EFBS)[19]。

系统化设计过程模型主要实现满足用户需求的功能满意解的寻找，是整个问题求解过程的核心。目前系统化设计过程模型在产品概念设计中得到了广泛的应用。产品服务系统概念设计遵循以满足用户需求为基础的，通过功能的实现寻找相应的实体产品和服务流程的概念设计过程。基于现有的 E－FBS，将一定的产品服务信息表达为设计特征：环境（Environment）、功能（Function）、行为（Behavior）、结构（Structure）。借助设计特征间的多种映射关系和内在进化逻辑，最终寻找到满足设计约束条件的功能结构解。以层次树结构形式对设计过程信息进行表达，考虑产品和服务的异质性，构建产品/服务两个并行设计层次，设置设计信息的分解粒度。基于设计特征映射推理策略和产品服务设计特征交互策略来实现设计信息的表达和推送，从而实现产品服务系统的概念设计。

2.3 产品服务系统设计过程描述

由于实体产品和无形服务之间存在异质性，单一面向产品的概念设计过程模型和单一面向服务的设计过程模型，都不能很好地适用于面向产品服务系统的概念设计。因此，需要在研究产品概念设计和服务设计的基础上，充分考虑实体产品和无形服务的特性，建立一种适用于产品服务系统概念设计的设计过程模型。

2.3.1 产品服务系统设计与传统设计的区别

常见的两大类通用的设计方法分别是串行设计和并行设计。串行设计将产品开发过程按照时间先后顺序划分为一系列串联的设计阶段，每个设计阶段完成后才继续执行下一阶段，具体的设计过程如图 2.1（a）所示。串行设计不同阶段由不同的设计人员完成，但不同设计阶段的设计人员之间缺乏协作，也没有对产品全生命周期整体过程进行考虑，导致设计效率低，设计质量也普遍不高。与串行设计不同，并行设计打破了按照时间先后顺序进行设计这一传统的设计方式，而是同时对产品及其相关过程展开设计，具体的设计过程如图 2.1（b）所示。并行设计中不同的设计人员之间存在交流和协同关系，从产品全生命周期角度开展设计，从而缩短了设计时间，提高了设计效率[20]。

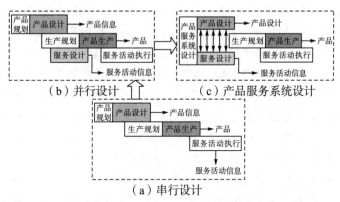

图 2.1　产品服务系统设计与传统串行设计、并行设计的区别

　　产品服务系统设计，强调设计过程中产品与服务的并行设计，在设计过程中产品和服务得到合理的匹配，共同实现顾客需求，如图 2.1（c）所示[21]。产品服务系统设计希望在设计前端（即概念设计阶段）明确产品和服务的交互，以尽量避免设计后期或加工制造过程中因设计问题而引起的结构变更和返工处理。服务活动的执行也不再局限于产品设计和产品生产的终端，在产品生产规划和产品生产阶段，也都可能包含服务活动的执行。传统的串行设计或并行设计都无法很好地进行产品服务系统的设计，因此需要结合产品服务系统的特点提出一种适合的产品服务系统设计方法。

2.3.2　产品服务系统创新设计总体框架

　　产品创新设计过程模型是以设计心理学为基础，基于普遍的设计规律，借助某些设计策略给出的面向产品的普适性设计方法。产品创新设计过程模型为产品设计过程提供规范化的设计步骤，从而使整个设计过程能够合理有序地展开。研究者普遍将创新设计过程分解为若干阶段，并用不同的设计特征来表示不同阶段的设计要素。在一个完整的系统化的产品创新设计过程中往往包含四个设计特征：功能（Function）、行为（Behavior）、结构（Structure）和环境（Environment）。功能是指用户从感知角度对产品设计目标的抽象描述。行为是指产品及其组件所经历的状态序列或所采用的物理原理。结构是指组成产品的物理组件以及组件之间的连接关系。环境是指设计过程所处的外部约束。创新设计过程模型将设计问题描述为功能—行为—结构这三个设计层次间的转化过程，采用某种产品的信息表达形式，通过不同设计层次之间设计信息的往复映射来获得新产品设计方案。

根据概念设计过程模型中设计层次和设计特征的定义和相关概念，本书提出了一种面向产品服务系统概念设计的系统化设计过程模型。引入需求分析层，使该模型具有四个设计层次：环境层、用户需求层、功能分析层、产品/服务交互层。并给出了设计信息在每个设计层次内部的表达方式，以及设计信息在不同的设计层次之间的传递和映射关系。相邻的上下两个设计层次之间既有"上层如何实现下层"的适应关系，也有"下层反馈上层"的链接关系。四个设计层次中的元素分别包括顾客需求、产品功能/服务功能、产品结构/服务行为与环境条件约束等。产品服务系统概念设计就是一种多个设计层次之间的设计元素不断往复映射和分配，最终获得产品服务系统概念设计方案的过程。

产品服务系统工程概念设计的结果是获得概念设计方案，包含产品方案和服务方案两个方面。由于服务具有流动性、无形性等一些特殊性，服务方案应该包含两个方面：服务内容和服务过程。服务内容是根据用户需求，分析明确的需要提供给用户的具体服务细则；服务过程是指如何将服务内容提供给顾客的服务流程。在服务设计、运作管理等方面，定义服务内容和服务流程，以及处理好两者的关系是至关重要的[22]。产品服务方案应该将服务内容和服务过程紧密结合的同时，让服务和产品之间产生密切的交互关系，使顾客通过产品服务方案既能获得产品与服务相互集成的概念方案，也能与提供产品的制造商，提供服务的服务人员、服务设备和服务环境发生交互。

产品服务系统创新设计过程是借助系统化设计过程模型的设计规则展开，对产品功能和服务功能交互的设计方案进行实现的过程。该过程具有四个不同的设计层次，包括需求层、功能层、行为/结构交互层、环境层，以及设计层次之间的设计信息表达，设计信息在不同的设计层次之间映射最终获得设计方案。其实现方法主要包括概念设计过程框架建模方法、顾客需求传递与分配方法、功能激励设计方法等。具体的产品服务系统概念设计过程模型如图 2.2 所示。

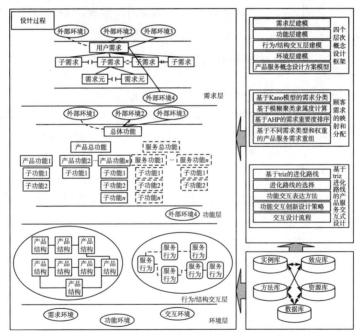

图 2.2 产品服务系统创新设计过程框架

在需求层，需要对用户期望产品服务系统所能实现的功能进行描述，并将需求进行分解；在功能层，根据需求层分解后得到的产品服务系统的任务目标，分别映射为主要由产品实现的功能和主要由服务满足的功能两大类，对产品功能和服务功能进行进一步的细化分解，便于其寻找对应的产品结构和服务行为，寻找产品功能和服务功能可能产生的交互；在产品服务交互层中，设计者根据功能层分解后得到设计粒度较小的产品功能和服务功能映射得到相应的结构和服务，通过对产品结构、服务内容和服务过程进行详细描述，明确产品和服务之间的相关关系；在环境层，主要给出功能实现环境与各设计层次之间的约束关系，以及设计任务完成所必须满足的环境条件。从需求层到功能层的映射，主要需要解决顾客需求向产品功能特征和服务功能特征的分配和传递问题。产品服务交互层则主要需要解决产品与服务之间的交互关系问题。

2.3.3　产品服务系统概念设计过程

产品服务系统概念设计过程模型根据用户需求，通过概念设计过程，寻找到满足设计要求的产品服务设计方案。本书中提到的产品服务系统概念设计过程是通过如下四个阶段完成的，如图2.3 所示。

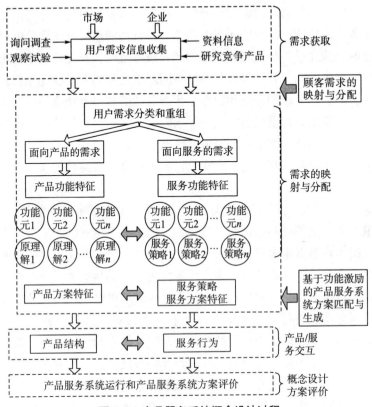

图 2.3　产品服务系统概念设计过程

（1）顾客需求获取。用户需求反映了用户对企业、实体产品和无形服务的总体要求，是产品服务系统概念设计过程的起点，是推动概念设计的原动力。产品服务系统概念设计过程很大程度上依赖于对用户需求的全面认识、准确获取和分析，并且在最终设计出的产品中得以体现。用户需求来自产品生命周期的各个阶段，相关信息可以通过与用户直接接触（如问卷调查、客户访谈、观察调研、相关产品比较等）和基于 Web 的客户数据分析与挖掘技术获取。

（2）顾客需求的映射与分配。顾客需求要映射与转化为产品服务系统中的产品功能和服务功能，并将功能逐层分解到粒度更小的功能元后，寻找相应的原理解和服务策略。首先将获取的用户需求进行归类和整理，并给出不同需求之间的重要度优先权排序。再根据需求的分类和权重按照产品功能和服务功能的交互关系进行重组，将重组后的用户需求映射与转化为产品功能特征和服务功能特征。通常产品服务系统概念设计过程中不需要对所有的用户需求都进行转化，往往只选择重要度权重系数较高的需求进行转化。

（3）产品/服务的匹配与交互。基于产品和服务的功能特征，映射到合适的产品结构和服务行为，根据预先建立的产品服务系统配置模型派生出可行方案。服务模块要考虑与产品模块的匹配性和交互性，明确产品结构和服务行为之间的相关关系。对产品服务系统的进化方向进行预测，根据预测结果将不同的产品功能和服务功能进行交互和重组，产生一系列的产品和服务交互策略。同时要考虑服务行为的选择是否满足给定的服务策略，最后将产品方案和服务方案进行有机集成，形成服务过程方案。

（4）方案的选择和评估。产品服务系统是一个融合多利益相关者共同协作实现的设计方案，需要综合用户、制造者、服务提供者等利益相关者的需求来进行产品服务系统概念设计方案的有效评价和决策。本书主要针对产品服务系统创新设计的前三个阶段展开研究，而面向利益相关者的产品服务系统创新设计最优方案的选择设计阶段，将是作者下一步的研究方向。

2.4　产品服务系统创新设计框架模型构建

本书基于 E−FBS 这一传统的产品概念设计过程，提出了环境层—需求层—功能层—产品/服务交互层四层的产品服务系统

概念设计过程模型。给出了每个设计层次中不同设计信息的表达
和相互关系，通过设计层次之间的实现完成了产品服务系统概念
设计方案的生成。下面将分别对每个设计层次的意义和设计层次
中设计信息的表达方式进行阐述。

2.4.1　需求层

　　需求层是从顾客需求的角度，层次化、情景化地对用户要求
进行描述的产品服务系统概念设计过程的最初阶段。在产品服务
系统中，用户需求既包含用户对产品所需要满足的功能的要求，
也包含用户对相应的服务行为的要求。本章在任务模型[18]和交
互图分析模式[23]的基础上，建立了产品服务系统概念设计过程
中的需求信息表达模型。该模型表达了用户对设计目标的直接需
求和间接需求。直接需求是指用户期望产品服务必须具备的基本
功能方面的要求，而间接需求则是指能保证实现必须具备功能的
外部环境或条件方面的要求，需求层设计信息表达模型如图 2.4
所示。

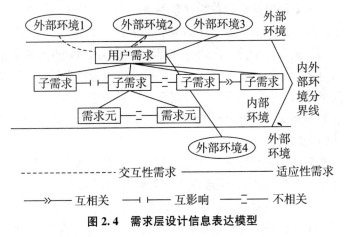

图 2.4　需求层设计信息表达模型

　　在图 2.4 中，外部环境是指参与产品服务系统中产品服务交

互的利益相关者和实现环境，包括顾客、执行者（制造商）、施工对象（实际产品）和外部环境（环保指标）。外部环境是由环境层分解映射得到的，其表达了设计目标实现的外部环境和约束影响。根据设计主体对产品服务系统的作用领域不同，采用内外部环境分界线区分不同的设计主体，以明确外部环境和用户需求的交互过程，并以自上而下层次化分解的结构来表达顾客的使用/施工情景。

需求层设计信息表达模型将用户需求分解为若干子需求和需求元，需求之间存在一定的逻辑关系。每一个子需求和需求元都可以通过名称及其属性描述来表达。顾客提出的需求往往是包含多元化的设计目标的总需求，需求分解过程是顾客与制造商之间协商使设计目标不断明确的过程。

设计任务之间存在三类关系。①互相关关系：两个子需求之间通过某个公用的部件发生联系时，这两个子需求之间的关系称为互相关关系。互相关关系又分为串联关系和并联关系。前后两个子需求之间具有顺序执行的特性，称为串联关系；而前后两个子需求可以同时执行，称为并联关系。②互影响关系：当两个子需求之间的某个参数发生了联系，两者的关系称为互影响关系。③不相关关系：子需求之间并列但不能同时执行，并且子需求之间没有执行上的优先关系，可以任意选择执行的先后顺序，两者的关系称为不相关关系。需求层设计信息表达模型中的逻辑关系映射到功能层和服务/结构交互层，演变为产品服务功能和方案设计中的约束关系。

外部环境和设计任务之间也存在交互性关系和适应性关系。交互性关系是指顾客/制造商等外部环境通过完成设计目标来满足用户需求，主要基于对顾客需求的分析和总结来获得；适应性关系是指受到外部环境等的约束而必须做出适应性改变的需求，主要基于外部环境对设计目标的影响分析获得。

2.4.2 功能层

功能层是从功能角度对所需执行的设计目标的方案技术表达。本章根据任务模型[18]和功能方法树[24]，建立功能层的信息表达模型。功能模型中的产品功能和服务功能是否采用相同的功能表达方式，或者通过不同的功能表达方式将产品功能和服务功能划分成两个相关联的设计子模块，通常取决于设计对象的特点和设计信息的复杂程度。本书采用统一的方式对产品功能和服务功能进行表达。功能模块具有层次化的结构，并且功能之间存在一定的相互关系。外部环境对具体的功能模块产生相关约束，确定了功能的属性。在功能层中，根据上一设计层次即用户需求层中用户需求的重组、分配与传递，建立产品功能模型和服务功能模型。功能层设计信息表达模型如图 2.5 所示。

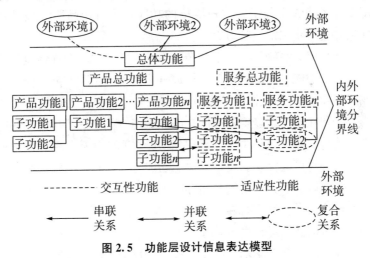

图 2.5 功能层设计信息表达模型

下面具体分析产品服务系统概念设计模型中各个元素的具体定义，包括功能模型、子功能间的主要关系定义等。其中外部环境、内外部环境分界线与需求层中的相关定义一致。

产品服务系统概念设计方法是一种功能驱动的设计方法，其最重要的任务就是建立功能模型。功能模型的作用是将概念设计中复杂的产品总功能进行逐步的分解和细化，直到成为若干较小的、简单的分功能或功能元。通过对分功能的分析求解和对获得的功能解进行组合来获取总功能的解，是产品服务系统概念设计的前提和基础。常见的功能分解方法有功能分析技术（FAST）、公理设计（Axiomatic Design，AD）功能分解方法、功能方法树（Function-means Tree）等，均采用自上而下的瀑布式设计过程，对总功能展开层层细化，最终获得设计粒度相对较小的功能元。本书采用功能方法树的功能层次表达模型，在平面上以"树"的形式展开功能分解，然后以任务交互图的形式将功能之间的关系进行表示，最后再对功能的逻辑顺序和优先次序予以明确。每一个功能可以通过功能的属性进行描述。该功能层次模型使设计者能够充分了解用户期望的功能，分析产品服务设计目标，并进一步确定设计方案。

产品服务系统作为一个复杂的系统，功能之间存在特定的连接关系。功能之间的连接关系可以分为两大类：①产品功能空间或服务功能空间两个不同的功能空间内的子功能之间的连接关系。②同在产品功能空间或同在服务功能空间内的子功能之间的连接关系。设计过程中应当考虑到功能之间的连接关系，以保证设计结果尽可能完善。每一大类的功能之间还存在一定的连接关系。①串联关系：子功能之间存在因果关系，或时间、空间顺序关系，比如潜孔钻进行转进工作时具备两个功能：钻进和固定。必须先对潜孔钻进行固定，才能触发钻进功能。②并联关系：作为手段功能的几个子功能共同完成一个目的功能，或同时完成某些子功能后才能继续执行下一个子功能，则这几个子功能为并联关系，比如进行设备维修服务任务时，发动机检修、控制系统检修和操作系统检修需要同时进行，③复合关系：子功能的输出反馈后作为另一子功能的输入的链接关系。

外部环境与功能之间也存在交互性关系和适应性关系[25]。交互性关系是指产品服务系统为实现特定的设计目标所提供的功能，可以通过权重或属性进行功能描述。适应性关系则主要指产品服务系统为了适应外部环境对其产生的约束条件，而不得不对功能做出的适应性改变，这种适应性改变多反映在功能模块的取值范围上，如减小能耗环境约束，需要相应的低功率发动机与之匹配，环保约束则需要采用环保燃料，或者满足标准的低排放量发动机等。

2.4.3 产品/服务交互层

产品/服务交互层是指能够满足用户需求的，根据功能求解得到的产品结构与服务行为交互的方案层，从而获得产品服务概念设计方案。产品/服务交互层设计信息表达模型如图 2.6 所示。

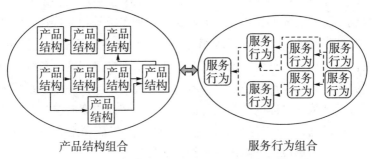

图 2.6 产品/服务交互层设计信息表达模型

在产品内部、服务内部、产品和服务之间存在着关联关系，产品服务系统方案的最终结果是产品结构和服务行为的集成。产品服务系统概念设计方案可以划分成产品方案与服务方案。产品/服务交互层用于描述产品服务系统方案的组成，包括对实体产品结构的描述和对无形服务流程的描述两部分，由产品功能特征和服务功能特征转化得到，是经过细化分解的子功能寻找到的相对应的实体结构或服务策略。产品/服务交互层的信息表达模型是对技术视角下的产品服务模块的属性描述。

产品的设计结果通常由产品方案组成，包括产品结构及其特征。通过层次结构来表达产品结构，产品特征由功能特征转化得到，是技术视角下对产品的属性描述，一般是指模块、组件和零部件的组成方案和规格参数，比如发动机的功率、速度、可靠性、齿轮减速器的传动方式、轮齿比等。

服务设计结果的描述通常包含服务策略和服务流程两个层面。服务策略是对服务的整体描述或界定，进行服务设计时，首先需要根据功能属性确定相应的服务策略及服务的分类和结果，确定服务属于哪一个分类。例如，维修服务可以分为预防维修、事后维修、即时维修等不同的维修策略。服务流程是在确定了服务策略之后确定的，是具有逻辑性的服务安排。服务流程与功能一样，通过特征和属性描述，由若干个具有前后约束关系的节点组成。属性主要用于描述服务周期、服务等级等相关特性，而节点则是指服务的活动或活动组合，活动的属性包括输入、输出、流。服务还可以分解为面向产品的服务、面向过程的服务等，分别关联或集成到产品节点上。本书所研究的面向产品服务系统的服务设计依托具体的产品设计而存在，与产品方案有交互关联关系。产品/服务交互层主要是将产品的方案特征和服务的方案特征相交互所形成的产品服务系统总体设计方案。

2.4.4 环境层

与传统的基于功能—行为—结构的系统化产品概念设计过程相比，由于产品服务系统概念设计过程的设计范围从单一产品扩大到了产品和服务的集合，外部环境包含的设计主体增多，对设计产生的相关影响和约束也逐渐增多。因此，需要考虑环境对整个设计过程产生的相关约束，本书引入了环境层。

　　环境层包含了存在于产品服务系统概念设计过程中的各种约束条件，如时间、地点、消耗的资源、使用的条件、利益相关者等。环境层的主要作用是作为需求层、功能层和行为/结构交互层的约束而存在。环境层的加入使得产品服务系统概念设计过程能够及时地根据外界条件进行调整，避免了因概念设计阶段考虑不周而影响整个后续的设计、制造和回收过程。其中，环境 E 是用户最初定义的设计环境，可以分解为需求环境、功能环境和交互环境。需求环境表示设计过程中的外部需求特性。功能环境表示设计过程中实现产品功能或服务功能所必须要求的环境特性。交互环境表示产品功能和服务功能发生交互时所必须要求的环境特性。整个产品服务系统概念设计映射过程中涉及的需求、子功能和产品/服务组件都需要经过环境约束的检验。对于不满足需求环境约束的需求要重新定义；对于不满足功能环境约束的子功能需要反馈得到新的功能特征；对于不满足交互环境约束的产品组件/服务内容需要反馈到功能层或需求层进行重新定义和进一步分解，调整后重新搜索对应的满意解。

2.4.5　产品服务方案解的生成

　　根据设计条件，完成满足设计要求的设计方案解是产品服务创新设计的本质目标。在产品结构和服务行为层中获得的结果还不能解决方案生成问题。需要通过不断分析和往复映射，生成产品服务系统概念设计解。本书中提出的四个设计层次相交互的产品服务系统创新设计过程模型需要通过以下几个映射过程具体完成。

　　（1）产品/服务功能原理解的搜索映射。功能原理解的搜索映射是产品服务系统整个创新设计过程的第一次映射，其目的是在产品服务需求层上对设计方法进行原理创新。通过产品知识资源和服务知识资源对功能原理解的实现过程进行辅助，能够高效准确地获得实现所需功能的原理解。

（2）冲突结构确定映射。在得到不同实现设计需求功能的原理解后，由于实体产品和无形服务具有不同的特性，在采用一种设计原理进行具体的产品功能或服务功能的对应产品结构或服务内容/过程方案确定时，这些产品结构和服务内容之间，以及功能和结构或服务之间，常会与设计需求及设计约束间存在着局部匹配冲突，这些冲突的解决将是设计过程顺利完成的保证。通过对不同设计层次中的功能、行为/结构等设计要素之间多层次往复循环映射，最终得到与设计需求相匹配的功能结构和功能服务。

（3）由上步对比映射过程，可以确定一定原理解的功能结构系统和功能服务系统与设计需求间的各种功能结构冲突。对局部功能结构或功能服务的拓展是产品设计在原理解创新基础上的进一步优化。

（4）最终获得的设计方案较多，需要将这些发散的设计方案进行收敛，完成方案空间的决策评价。

2.5 示例

带式输送机的工作原理是依靠皮带与轮系之间的摩擦力作为驱动，以保证连续地进行物料运输。首先将物料固定在输送皮带上，再依靠皮带的传输将物料从供料点送达卸料点。带式输送机可以同时进行散碎物料和成件物品的输送，运输方式有水平运输和倾斜运输。在矿山的井下巷道、矿井地面运输系统、露天采矿场及选矿厂中，带式输送机都得到了较为广泛的应用。用户对带式输送机的可靠性和稳定性要求很高。用户期望企业为其提供满足任务需求的产品和服务整体解决方案。因此，近年来，带式输送机制造企业不断致力于为用户提供完整的解决方案，即提供产品服务系统。

在需求层，顾客的目标是稳定连续地实现物料的输送。通常是针对一类具体的工程任务，交互性需求是施工可靠性和施工质量等方面。与其他外部环境相关的需求是适应性需求，比如运输带的尺寸大小、载重量和环保标准等。在功能域，交互性需求首先映射为交互性功能，并传递到产品功能和服务功能上，适应性需求也同样映射和分配到相关的总功能和子功能上。在产品/服务交互层，由于产品结构和服务流程的多样性，以及两者之间存在的交互性，结合交互性配置适应机制，由其派生出可行的产品服务系统方案。

本节针对顾客所需连续的倾斜运输工程任务，建立了倾斜带式输送机产品服务系统创新设计框架，以及每个设计层次中设计信息的表达，如图 2.7 所示。

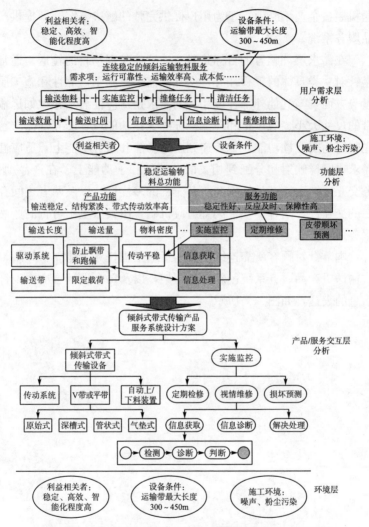

图 2.7　倾斜式带式输送机的产品服务系统概念设计模型

　　面向稳定的物料运输设备产品服务系统方案设计，首先要获取相应的用户需求，包括运行可靠性、运行效率、智能化程度、节能与环保水平、安全性、成本、维修服务支持等；再映射为产品/服务功能，其中产品功能包括提供动力、稳定运行、输送长度、结构紧凑、输送量、物料密度等，服务功能包括运行保障、维修技术、实时监控、维修专业性等；最终获得产品服务系统创新设计原理解，其中物理结构包括传动系统、传动带、辅助系统等；服务流程包括信息获取、信息分析、信息诊断、解决处理、反馈结果、信息存储等。通过顾客需求到产品/服务功能的传递与分配，以及产品结构和服务流程的交互性配置过程，可以获得可行的倾斜式带式输送机产品服务系统设计方案。

参考文献：

[1] Csabai A，Stroud I，Xirouchakis P C. Container spaces and functional features for top-down 3D layout design ［J］. Computer-Aided Design，2002，34（13）：1011−1035.

[2] Semyon D S. Engineering of Creativity ［M］. INC，1999.

[3] 赵新军. 技术创新理论（TRIZ）及应用 ［M］. 北京：化学工业出版社，2004.

[4] 李彦，李文强等. 创新设计方法 ［M］. 北京：科学出版社，2013.

[5] 华中生，汪炜. 基于 QFD 与 TRIZ 技术工具的产品概念设计方法 ［J］. 计算机集成制造系统—CIMS，2004，12（10）：1588−1594.

[6] 马立辉，檀润华. 发明问题解决理论解到领域解的转化方法研究 ［J］. 计算机集成制造系统—CIMS，2008，14（10）：1873−1881.

[7] Roni H O. Creative design methodology and the SIT method ［C］//Proceeding of DETC. 97，1997ASME Design Engineering Technical Conference，Sacramento，California，1997，DETC97/DTM−3856.

[8] Guillermo C R, Stéphane N, Jean M L. Case-based reasoning and TRIZ: A coupling for innovative conception in chemical engineering [J]. Chemical Engineering and Processing: Process Intensification, 2009, 48 (1): 239－249.

[9] Roberto D N, Noel L R, Humberto A T. Inventive problem solving based on dialectical negation, using evolutionary algorithms and TRIZ heuristics [J]. Computers in Industry, 2011, 62 (4): 437－455.

[10] 李彦, 王杰, 李翔龙, 等. 创造性思维及计算机辅助产品创新设计研究 [J]. 计算机集成制造系统—CIMS, 2003, 9 (12): 1902－1907.

[11] 刘小莹, 李彦, 麻广林, 等. 面向产品创新的概念设计认知过程及支持系统 [J]. 四川大学学报（工程科学版）, 2009, 41 (1): 190－197.

[12] Liu X Y, Li Y, Pan P Y, et al. Research on computer-aided creative design platform based on creativity model [J]. Expert Systems with Applications, 2011, 38 (8): 9973－9990.

[13] 杨伯军, 田玉梅, 檀润华, 等. 基于标准解的计算机辅助创新软件系统研究与开发 [J]. 中国机械工程, 2009, 6 (20): 704－708.

[14] Jiang J, Li Y. Application of TRIZ to develop new antistatic materials [J]. Asian Journal of Chemistry, 2012, 24 (10): 601－607.

[15] Jiang J C, Sun P, Shie A J. Six cognitive gaps by using TRIZ and tools for service system [J]. Expert Systems with Applications, 2011, 38 (12): 14751－14759.

［16］Shimomura Y，Hara T. Method for supporting conflict resolution for efficient PSS development ［J］，CIRP Annals-Manufacturing Technology，2010，59（1）：191－194.

［17］张在房. 顾客需求驱动的产品服务系统方案设计技术研究［D］. 杭州：浙江大学，2011.

［18］Pieter E V，Kees D. On the conceptual framework of John Gero's FBS-model and the prescriptive aims of design methodology ［J］. Design Studies，2007，28（2）：133－157.

［19］Sellgren U. A model-based approach to situated design reasoning with a PLM perspective ［C］. 1st Nordic Conference on Product Lifecycle Management-ordPLM'06，Göteborg，2006.

［20］来可伟. 并行设计［M］. 北京：机械工业出版社，2003.

［21］Maussang N，Zwolinski P，Brissaud D. Product-service system design methodology：From the PSS architecture design to the products specifications ［J］. Journal of Engineering Design，2009，20（4）：349－366.

［22］Roth A V，Mendor L J. Insights into service operations management：A research agenda ［J］. Production and Operations Management，2003，12（2）：145－164.

［23］Luca C，Giovanni G，Carlo T. Functional and teleologieal knowledge in the multimodeling approach for reasoning about physical systems：A case study in diagnosis ［J］. IEEE Transaetions on Systems，1993，23（6）：1718－1751.

［24］Shimomura Y，Hara T. Method for supporting conflict

resolution for efficient PSS development [J]. CIRP Annals-Manufacturing Technology，2010，59（1）：191－194.

第3章　用户需求到产品/服务功能特征的映射与分配方法

本书建立了从用户需求到产品/服务功能特征映射和转化的过程模型。首先通过 Kano 用户需求分析模型和模糊聚类法对获取的用户需求进行定义和分类，并基于层次分析法（Analytic Hierarchy Process，AHP）对用户需求的优先度权重进行排序。再根据不同的需求类型和需求权重对用户需求进行组合，形成具有不同属性的产品服务需求组。最后，通过质量功能配置将用户需求组映射到相关的产品功能或服务功能中，从而完成从用户需求空间到功能空间的完整映射过程。

3.1　用户需求的筛选和精化

本书从定性和定量两个方面对产品服务系统的用户需求进行分析。在进行定性分析时，首先基于 Kano 用户需求分类模型，将用户需求分为基本需求、期望需求、兴奋需求和无关紧要需求四个种类，并采用模糊聚类法将散乱的需求信息按照这四类需求进行合并和归类。在进行定量分析时，采用了一种客观综合赋权的方法，即层次分析法，对各个需求指标的权重进行排序和筛选。在对用户需求筛选与细化分析完成之后，将用户需求按不同需求类别和需求权重重新组合成三类具有不同属性的产品服务系统需求组，最后通过质量功能配置（QFD）方法中的产品质量屋实现对各类产品服务系统的用户需求到功能的转化和映射。

　　建立产品服务系统需求的映射与转化过程数学描述，将产品需求按照 Kano 模型中的基本需求、期望需求、兴奋需求和无关紧要需求分别表示为 F_b、F_p、F_c 和 F_u 的集合，并通过模糊聚类法确定需求指标 r_{ci} 四个不同层次用户需求之间的隶属关系。使用 AHP 可以确定各种 r_{ci} 的重要度 W_r，并按照不同的权重分别对 F_b、F_p、F_c 和 F_u 中的用户需求进行排序，以帮助分析不同需求指标的重组和分配。再将四类用户需求按不同的产品服务类型和需求权重重新组成三类具有不同属性的产品服务系统需求组。通过上述方法，设计者可以实现同时对各类产品服务系统的用户需求到功能的转化和映射。用户需求到产品服务功能的转化框架如图 3.1 所示。

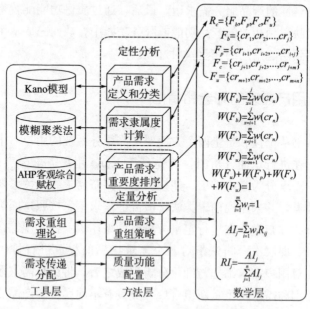

图 3.1　用户需求到产品服务功能的转化框架

3.2　基于 Kano 模型的用户需求定性分析

进行产品服务系统创新设计过程中的用户需求定性分析时，需要通过一定的方式将这些散乱的用户需求信息之间的关系进行明确，并对大量的、散乱的用户需求进行按类合并和归纳。本书基于 Kano 模型进行需求分类。

3.2.1　基于 Kano 模型的产品需求分类

日本东京理工大学狩野纪昭（Noriaki Kano）教授和他的同事 Takahashi 在 20 世纪 80 年代提出了基于 Kano 模型的用户需求分类模型，如图 3.2 所示。该模型在用户满意程度和产品质量属性之间建立了关联关系，在分析和识别用户需求的同时，按照用户不同的满意程度对用户需求进行分类[1]。Kano 模型的用户需求分类模型是一种定性的需求分析方法，通常用于对用户需求绩效指标进行分类，企业可以通过分类后的用户需求有针对性地设计和制造出面向不同层次用户的多样化的产品，以提高企业的适应性和市场竞争能力。

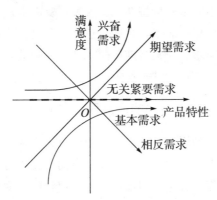

图 3.2　基于 Kano 模型的用户需求分类模型

Kano 模型将用户需求分为以下几类[2]：基本需求（Must-be Requirements），是指产品中能支撑用户基本使用的理所应当满足的需求，当这些需求获得满足时，用户不会表现出特别的满意，但是一旦这些需求没有得以满足，用户会因为基本功能没有得以实现而表现出特别不满意；期望需求（One-dimensional Requirements），产品具有该类特性越多，用户满意度就会越高，而该类特性没有满足时，用户满意度也会随之下降；兴奋需求（Attractive Requirements），是指没有引起用户关注的需求，如果这类需求没有满足，用户的满意度不会发生太大下降，相反，如果产品中包含此类需求，则会大大增加用户对该产品的满意度；相反需求（Reverse Requirements），表示这种需求的出现会导致用户满意度下降；无关紧要需求（Indifferent Requirements），表示用户对某产品特性不关心。通常在进行需求分类的时候，不将相反需求纳入产品设计范围。

用户的需求特性是一个动态变化的因素，会随着时间的推移、新技术的出现、市场的不断细分等发生改变，需求层次会发生变化，需求变化过程会根据市场和技术的不断成熟呈现出规律性周期：无关紧要需求质量特性→兴奋需求质量特性→期望需求质量特性→基本需求质量特性[3]。无关紧要需求在一些特征指标满足时能够成为兴奋需求；某些兴奋需求一旦被用户关注，就可能转化为期望需求；而某些期望需求在产品中的体现随时间增多后，用户会将其转化为基本需求。

3.2.2　基于模糊聚类法的产品服务需求隶属分析

模糊聚类法是用数学方法定量地确定样本的亲疏关系，从而客观地划分样本的不同类型[4]。通过模糊聚类法对需求进行分类和合并，首先需要设定不同指标之间相似程度的度量值，并将这些度量值通过矩阵的形式进行表达，形成判断矩阵。再将用户需求进行量化，并与判断矩阵相比较判断出各个需求变量之间的相似程度，再根据相似程度的高低对用户需求进行归一化处理。直到所有的需求都分别聚类到相关的需求类型中，形成一个相似程度不同的需求聚类图。

3.3　用户需求指标的定量分析和优先度排序

由于不同社会环境和经济水平下的用户对产品需求具有差异性和多样性等特点，通过需求调查方式获取的需求信息往往具有极大的不确定性。另外，在面对产品服务系统概念设计时，用户提出需求时不会同时考虑产品和服务的集成，并且也不会关心其所期望的功能如何通过产品和服务的交互关系来实现。用户只是通过自然语言对期望获得的功能加以描述，这些关于用户期望获取的功能的描述是模糊的[5-6]。为了明确用户需求和产品服务系统功能之间的对应关系，设计者需要获取用户需求或反对的相关产品和服务，然后将这些需求分类并且进行优先度排序，再通过质量功能配置转化为功能特征。

获取的用户需求往往存在交叉和冲突，在设计过程中，要尽量减少交叉信息对后续设计过程带来的影响。首先应当判断用户需求之间的相关关系，然后根据专家和决策者的经验，基于决策矩阵信息，通过建立数学模型计算权重系数。如果两个用户需求之间存在冲突，必要时需要舍弃掉权重较低的需求，保留权重较高的需求，以解决需求之间的冲突关系。因此，在进行用户需求的映射和传递时，需要先判断用户需求之间的关系，并做出相应取舍。

3.3.1　用户需求的筛选

设 $R_{C0} = \{r_{c1}, r_{c2}, \cdots, r_{cn}\}$ 为用户需求集，其中，$r_{ci}(i = 1,$

$2,\cdots,n$）为用户需求。对用户需求进行初步整理后，假设 r_{ci}，r_{cj} $\in R_{C0}$，则在 r_{ci} 和 r_{cj} 之间可能存在四种交互关系[7]。

（1）互斥关系：r_{ci} 得到满足时，r_{cj} 就一定不能得到满足，则称 r_{ci} 和 r_{cj} 是相互排斥的。

（2）无关关系：如果没有满足 r_{ci}，但并没有对 r_{cj} 造成任何影响，则认为 r_{ci} 和 r_{cj} 是不相关的，是相互独立的两个不同需求。

（3）互相矛盾关系：如果满足 r_{ci} 使得用户满意度提高，导致 r_{cj} 的用户满意度相对下降，则称 r_{ci} 与 r_{cj} 相互矛盾。

（4）互相促进关系：如果 r_{ci} 的满意度提高会对 r_{cj} 的满意度产生正面的影响，导致其满意度也得到提高，则称 r_{ci} 与 r_{cj} 相互促进。

互斥关系中两种需求是相互矛盾的，一个用户对某个产品可能同时提出很多需求，而其中的两个需求之间存在互斥关系，即存在矛盾。这种矛盾在实现用户需求时是不可避免的。通常在处理这种情况时，设计者选择同时舍弃这两种用户需求，或者是选择其中权重较高的用户需求进行设计。在这种情况下，可以考虑用 TRIZ 理论中的矛盾冲突矩阵或分割原理来消除这种互斥关系。

根据用户需求间存在的相关关系对用户需求进行进一步筛选，经过筛选后的用户需求集为 $R'_C = \{r_{c1}, r_{c2}, \cdots, r_{cp}\}$，其中，$r_{ci}(i = 1,2,\cdots,p)$ 为用户需求。具有关联关系的用户需求要根据重要度的高低进行取舍。本书基于网络层次分析法（Analytic Network Process，ANP）对用户需求的重要度权重进行计算和确定。ANP 是层次分析法的扩展，主要建立了多目标决策评价体系，对多个不同相互关联的用户需求之间的相对重要性进行比较分析[8]。ANP 确定用户需求重要度方法的具体步骤如下：

首先，确定用户需求权重。采用 1～9 序列表示，1 为非常低，9 为非常高，从低到高表示用户对该需求的重视程度。通过归一化处理，得到用户需求权重矢量 w_r，$w_r = (w_1, w_2, \cdots, w_n)^{\mathrm{T}}$，其中，$\sum\limits_{i=1}^{n} w_i = 1$。

　　其次，确定用户需求之间的互相关关系。构建关联关系判断矩阵，把 m 个需要确定互相关关系的用户需求填入判断矩阵，采用数值 $1/3/9$ 表示用户需求间的正相关度，包括弱协作、中等协作和强协作关系；采用数值（-1）/（-3）/（-9）表示用户需求间的负相关度，包括弱矛盾、中等矛盾和强矛盾关系。0 表示用户需求间的不相关关系。得到判断矩阵 $\mathbf{A} = (a_{ij})_{m \times m}$，其形式如式（3-1）。

$$
\begin{array}{c|cccc}
\mathbf{C}_r & \mathbf{A}_1 & \mathbf{A}_2 & \cdots & \mathbf{A}_n \\
\hline
\mathbf{A}_1 & a_{11} & a_{12} & \cdots & a_{1n} \\
\mathbf{A}_2 & a_{21} & a_{22} & \cdots & a_{2n} \\
\vdots & \vdots & \vdots & & \vdots \\
\mathbf{A}_n & a_{n1} & a_{n2} & & a_{mn}
\end{array}
\tag{3-1}
$$

式中，$a_{ij} = a_{ji}$，$a_{ii} = 9$，i，$j = 1$，2，$\cdots$，m。

　　根据关联关系判断矩阵分析，获得了用户需求之间关联关系的强弱程度，根据用户需求间不同的关联，可以在相互排斥或相互冲突的用户需求之间做出取舍。用户需求相关性信息如表 3.1 所示。对于具有同等重要度的用户需求，首先找出负相关数 R_{ni} 为零的子用户需求集，按照正相关度 R_{spi} 大小排序。然后依次增加负相关数 R_{ni} 的数目，选择对应子用户需求集中正相关数 R_{spi} 较大且负相关用户需求重要度低的用户需求。

表 3.1　用户需求的相关性信息

表示	定义	含义
R_{pi}	正相关数	表示 r_{ci} 与正相关的用户需求总数
R_{ni}	负相关数	表示 r_{ci} 与负相关的用户需求总数

表示	定义	含义
R_{spi}	正相关度	表示 r_{ci} 与正相关的用户需求相关度总和
R_{sni}	负相关度	表示 r_{ci} 与负相关的用户需求相关度总和
R'_{avi}	平均相关度	表示 r_{ci} 与负相关的用户需求相关度平均值，$R'_{avi} = \dfrac{1}{p}\sum_{j=1}^{p}C_{ij}$

3.3.2　基于 AHP 的用户需求重要度排序

本书采用美国运筹学家 Saaty T L 提出的 AHP[9-10]，通过对用户需求进行量化评估，确定用户需求重要度。AHP 的一般过程如下：构建问题的递阶层次结构；构造两两比较判断矩阵；由判断矩阵计算被比较元素的相对权重；计算各层元素组合权重，并进行一致性检验。以 r_{ci} 为例分析其与其他用户需求间的相对重要度，得到相对重要度矩阵 $\boldsymbol{W}_i$，其中 $r_{ij} \in [0,9]$，当 $r_{ij} \neq 0$ 时，$r_{ji}=\dfrac{1}{r_{ij}}$，当 $r_{ij}=0$ 时，$r_{ji}=0$。通过 AHP 得到 r_{ci} 其他用户需求间的相对重要度矢量 $w_i = (w_{1i}, w_{2i}, \cdots, w_{ii}, \cdots, w_{pi})^{\mathrm{T}}$，其中，$\sum_{j=1}^{p}w_{ji}=1$。可通过计算获得用户需求间的优先度权重分析矩阵 w_r。

$$w_i = \begin{bmatrix} r_{11} & r_{12} & \cdots & r_{1i} & \cdots & r_{1p} \\ r_{21} & r_{22} & \cdots & r_{2i} & \cdots & r_{2p} \\ \vdots & \vdots & & \vdots & & \vdots \\ r_{i1} & r_{i2} & \cdots & r_{ii} & \cdots & r_{ip} \\ \vdots & \vdots & & \vdots & & \vdots \\ r_{p1} & r_{p2} & \cdots & r_{pi} & \cdots & r_{pp} \end{bmatrix}$$

$$W_r = \begin{bmatrix} w_{11} & w_{12} & \cdots & w_{1i} & \cdots & w_{1p} \\ w_{21} & w_{22} & \cdots & w_{2i} & \cdots & w_{2p} \\ \vdots & \vdots & & \vdots & & \vdots \\ w_{i1} & w_{i2} & \cdots & w_{ii} & \cdots & w_{ip} \\ \vdots & \vdots & & \vdots & & \vdots \\ w_{p1} & w_{p2} & \cdots & w_{pi} & \cdots & w_{pp} \end{bmatrix}$$

确定用户需求重要度。用矢量 w_c' 表示用户需求重要度。$w_c' = w_i \times w_r = (w_{c1}, w_{c2}, \cdots, w_{cp})^{\mathrm{T}}$，由此确定最终用户需求。根据用户重要度排序，从简化设计降低成本的角度舍掉不太重要的用户需求。得到最终的用户需求 $R_C = \{r_{c1}, r_{c2}, \cdots, r_{cm}\}$ 及对应的经归一化处理的用户需求重要度矢量 $w_C = (w_1, w_2, \cdots, w_m)^{\mathrm{T}}$。

3.4　基于用户需求分类的功能映射和传递方法

如何正确地将用户需求映射为相应的产品功能特征和服务功能特征，是产品服务系统概念设计过程中亟待解决的一个关键问题。产品服务系统用户需求能够按照不同的需求分类和需求权重进行归纳和重新组合，分别映射到相应的产品功能特征和服务功能特征中，从而实现从需求到功能的传递。

3.4.1　多层次产品服务功能映射

本小节系统化地从设计角度分析了产品服务系统功能的表现形式，并将用户需求合理地映射和转化到产品服务功能特征中。整理后的用户需求按照不同的需求类别和需求权重进行重组，可以得到三类产品服务系统中产品/服务之间不同的功能属性，从而并行构建三类不同的产品服务系统，如图 3.3 所示。

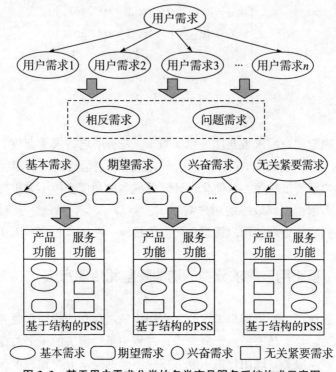

基本需求　□ 期望需求　○ 兴奋需求　□ 无关紧要需求

图 3.3　基于用户需求分类的多类产品服务系统构成示意图

三类不同的产品服务系统定义如下。

（1）基于结构的产品服务系统：主要指用户对产品自身技术特性的需求，并且这部分需求是必须首先具有实体产品才能实现的，包括产品本身的质量、性能、价格等；同时也包含与实际产品相关的一些服务，如销售、维修、更换等。在这种情况下，实体产品需求主要由基本需求和期望需求组成，无形服务需求则主要由兴奋需求和无关紧要需求组成，因为在基于结构的产品服务系统中，用户购买的主要是实体产品，如果能提供与实体产品相关的服务，会大大提高客户的满意度。

（2）基于行为的产品服务系统：主要指客户对产品所能提供

的某些使用功能的需求，顾客可能因为实体产品价格过高、体积庞大不易存放等原因，不愿意拥有实体产品，但实体产品所能提供的功能是不可或缺的。只有有形的产品才具有这些使用功能，在这种情况下，实体产品由于不是客户的主要购买目标，因此基于行为的产品服务系统中，实体产品由权重较高的基本需求和无关紧要需求组成，无形服务则主要由权重较低的基本需求和兴奋需求组成。

（3）基于功能的产品服务系统：主要指在客户基本需求得到满足的情况下，从环境保护和节约能源的角度出发，希望出现的一种理想化状态。在这种状态下，实体产品因为制造和使用时会耗费能源与污染环境，客户不希望实体产品被制造出来，但是却依然需要该产品所具有的功能。在这种情况下，实体产品主要由无关紧要需求组成，无形服务主要由基本需求组成。

3.4.2　基于质量功能配置的产品服务功能传递

经过重组后的用户需求通过产品需求映射和转化质量屋的方式映射和转化为产品功能特征与服务功能特征。质量功能配置（Quality Function Deployment，QFD）是一种面向用户需求的产品开发过程中的管理、方案设计、零部件设计、制造工艺计划及投放市场计划等一系列过程的有机协调的系统化方法[11]。质量功能配置的基本工具是"产品需求映射和转化质量屋"，这是一种将用户需求转化成功能、产品和零部件特征，并展开到制造过程的直观结构的瀑布式的设计方法。通过质量屋的转化可以实现从用户需求到产品功能特征的映射和转化。

常用的质量屋通常包含四种类型：产品计划质量屋、零件/子系统配置质量屋、工艺计划质量屋、工艺/质量控制质量屋[12]。本书主要应用质量功能配置中的产品计划质量屋，它涉及三类元素：顾客需求、产品功能特征和服务功能特征（面向产品服务系统设计的质量屋结构)。与传统的产品质量屋不同,产品服务系统概念设计质量屋中的产品功能特征和服务功能特征是并行结构,以便于分析产品服务系统概念设计下产品和服务之间的相关关系,以及产品本身和服务本身之间的关系。上述关系可以通过顾客需求—产品功能特征矩阵,顾客需求—服务功能特征矩阵,产品功能—服务功能相关矩阵和产品、服务自身矩阵这四个设计交互矩阵表示,如图 3.4 所示。

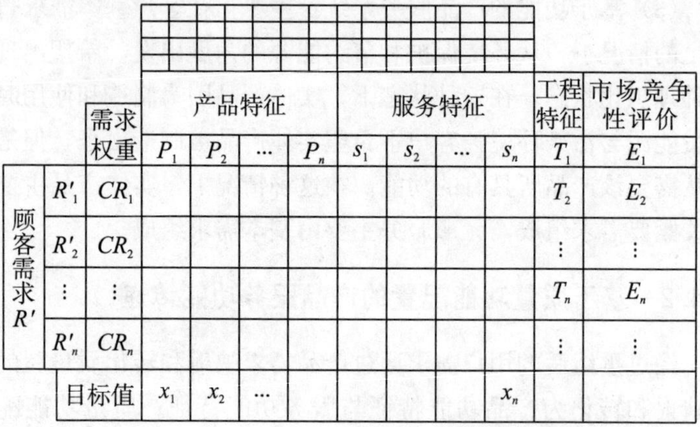

顾客需求 R'	需求	权重	产品特征				服务特征				工程特征	市场竞争性评价
			P_1	P_2	$\cdots$	P_n	s_1	s_2	$\cdots$	s_n	T_1	E_1
R'_1	CR_1										T_2	E_2
R'_2	CR_2										$\vdots$	$\vdots$
$\vdots$	$\vdots$										T_n	E_n
R'_n	CR_n										$\vdots$	$\vdots$
目标值	x_1	x_2	$\cdots$							x_n		

图 3.4 基于质量功能配置的产品服务功能映射

3.4.3 从用户需求分类向产品服务功能映射的全过程

产品服务系统概念设计是一个从用户需求空间向设计空间不断映射的过程。本书首先利用 Kano 模型将用户需求分为基本需求、期望需求、兴奋需求和无关紧要需求,排除掉相反需求和问题需求,并基于模糊聚类法将用户需求分别归类到相应的分类中。然后将分类后的用户需求各自按优先度权重的高低进行排序,再将分类和排序后的用户需求进行相互匹配和重组,最后通过质量功能配置质量屋方法映射为三类具有不同功能属性的产品功能组。这三类不同的产品功能组映射与第二章提到的产品服务

系统的分类相对应,完成功能映射后,再通过功能分解和细化、
实体产品结构布置、无形服务流程设计、产品服务交互详细设计
等设计步骤共同完成整个产品的设计过程,构成对多种产品服务
系统的并行设计。基于用户需求分类的产品服务功能分配和传递
全过程如图 3.5 所示。

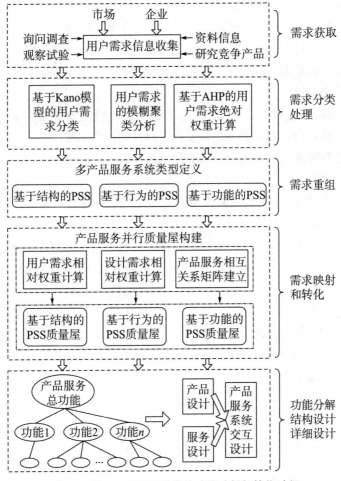

图 3.5　基于用户需求分类的功能映射与转化过程

该映射和转化过程包括以下几个步骤。

步骤 1：用户需求信息获取。需求信息的获取可以通过与客户直接接触或对技术发展规律和消费趋势进行预测[13]。常用的获取用户需求的方式有问卷调查、客户访谈、观察实验、竞争产品比较以及基于 Web 的客户数据分析和挖掘技术等。获取用户需求后，根据市场反馈和现有的技术发展确定用户需求。

步骤 2：用户需求分类、合并及优先度高低排序。对获取的用户需求按照 Kano 模型的分类方式进行聚类，根据 AHP，计算 Kano 模型中所有用户需求的不同重要度权重，并按照重要度权重进行排序。

步骤 3：用户需求重组及多产品服务系统类型模型构架。根据上述对用户需求的分类以及需求权重的计算，按照不同的需求类别和需求权重对用户需求进行重组，构建三类不同的产品服务系统模型。

步骤 4：用户需求到产品服务功能映射。计算每类产品中用户需求的相对权重，建立用户需求与功能参数之间的关系矩阵，构建产品服务并行的质量屋，质量屋中包含对产品功能和服务功能之间相互关系矩阵的建立，将用户需求转化为产品服务功能特性。

步骤 5：功能分解、产品设计、服务设计和产品服务交互设计。对功能进行进一步分解，并寻找产品功能对应的基本原理结构和服务功能对应的基本服务流程，随后将得到的产品基本原理结构和基本服务流程进行交互配置性设计，最后获得产品服务系统概念设计方案。

3.5 示例

为了验证本章提出的从用户需求到产品/服务功能的映射与

转化过程模型，以油浸式变压器为例进行说明。

变压器是工矿企业与民用建筑供配电系统的重要设备之一。通常变压器可以按照单台变压器的相数、变压器绕组、变压器结构以及变压器的绝缘和冷却条件进行分类。常见的以绝缘和冷却条件分类的变压器可以分为油浸式变压器与干式变压器。这两类变压器因其能够解决变压器大容量散热和高压绝缘问题，在实际电力系统中得到了广泛的应用。其中油浸式变压器的铁芯和绕组都浸入灌满变压器油的油箱中，绝缘性能好、导热性能好，得到了最广泛的应用。但要注意的是，周围温度过高会使得变压器油发生燃烧，造成事故。用户期望能有一种保证安全使用的整体配套油浸式变压器产品服务系统。

3.5.1 用户需求信息获取、分类、统计处理

顾客对油浸式变压器类型和特点的需求千差万别。从统计学角度来看，顾客对某些油浸式变压器产品功能指标具有特别的关注度。通过对变压器市场细分的形态学分析，选取由电力行业—国内省市级—大型规模—运营状况良好等用户特征组成的若干用户，通过市场调查采集和处理了部分需求信息。

根据收集的用户需求信息构建油浸式变压器需求评价体系，分为两层。上层为基本需求、期望需求、兴奋需求和无关紧要需求。其中，基本需求包括避免短路、避免局部放电、电能耗小、环境温度适宜、冷却介质温度适宜；期望需求包括运输和安装、保护变压器、监控变压器；兴奋需求包括半加工模块化组件、专家使用指导、减少测量工作量；无关紧要需求包括外壳无锈蚀、外观颜色醒目、滚轮轮距与基础铁轨轨距相吻合。

按照 AHP 并结合三角模糊化处理机制，通过归一化和清晰化处理后可得到各评价指标的权重关系矩阵，如表 3.2 所示。

表 3.2（a）　比较矩阵元素赋值准则

a_{ij}	1	2	3	4	5	6	7	8	9
指标 i 较指标 j	重要性相同	中间值	稍重要	中间值	明显重要	中间值	强烈重要	中间值	极端重要

表 3.2（b）　用户需求评价指标的关系矩阵

指标	基本需求	期望需求	兴奋需求	无关紧要需求
基本需求	1	3	5	7
期望需求	1/3	1	5	7
兴奋需求	1/5	1/5	1	3
无关紧要需求	1/7	1/7	1/3	1

表 3.2（c）　基本需求评价指标关系矩阵

指标	避免短路	避免局部放电	电能耗小	环境温度适宜	冷却介质温度适宜
避免短路	1	3	5	3	5
避免局部放电	1/3	1	3	1	3
电能耗小	1/5	1/3	1	1	3
环境温度适宜	1/3	1	1	1	3
冷却介质温度适宜	1/5	1/3	1/3	1/3	1

表 3.2（d）　期望需求评价指标关系矩阵

指标	运输和安装	保护变压器	监控变压器
运输和安装	1	5	5
保护变压器	1/5	1	5
监控变压器	1/5	1/5	1

表 3.2（e） 兴奋需求评价指标关系矩阵

指标	半加工模块化组件	专家使用指导	减少工作量
半加工模块化组件	1	3	7
专家使用指导	1/3	1	3
减少工作量	1/7	1/3	1

表 3.2（f） 无关紧要需求评价指标关系矩阵

指标	动态资源中心	外观颜色醒目	滚轮轮距与基础铁轨轨距相吻合
动态资源中心	1	3	5
外观颜色醒目	1/3	1	3
滚轮轮距与基础铁轨轨距相吻合	1/5	1/3	1

令 $\delta = 0.5$，将权重关系矩阵转化为模糊关系矩阵并进行清晰化处理，由公式 $\widetilde{A}\lambda = n\lambda$ 计算模糊关系矩阵 $\widetilde{A}$ 的最大特征值 $\lambda_{\max}$ 及相应的特征向量 λ，标准化后的特征向量即为评价指标的重要度向量，并进行一致性检验。

根据最初给定的各评价方面的权重，并由 F-AHP 得到的权重关系矩阵，由公式 $\lambda_{ij}^{*} = \lambda_{i}^{*} \times \lambda_{ij}$ 即可得到各评价指标的权重。根据最初给定的各评价方面的权重矩阵，通过计算得到不同需求的权重值，如表 3.3 所示。具体的计算过程本章不再进行详细论述。

表 3.3　需求各评价指标的权重（已进行归一化处理）

基本需求	0.5403	避免短路	避免局部放电	电能耗小	环境温度适宜	冷却介质温度适宜
		0.4689	0.1977	0.1151	0.1587	0.0595
期望需求	0.3119	运输和安装	保护变压器	监控变压器	—	—
		0.4545	0.4545	0.0909	—	—
兴奋需求	0.0993	半模块化加工组件	专家使用指导	减少测量工作量	—	—
		0.6694	0.2426	0.0879	—	—
无关紧要需求	0.0485	动态资源中心	外观颜色醒目	滚轮轮距与基础铁轨轨距相吻合	—	—
		0.637	0.2583	0.1047	—	—

经过分类和排序后的产品需求指标的特征描述为：

根据用户需求评价指标排序，需求权重指标权重高低顺序为基本需求、期望需求、兴奋需求和无关紧要需求。

F_b 基本需求：cr_1 为避免短路，cr_2 为避免局部放电，cr_3 为环境温度适宜，cr_4 为电能耗小，cr_5 为冷却介质温度适宜。

F_p 期望需求：cr_1 为运输和安装，cr_2 为保护变压器，cr_3 为监控变压器。

F_c 兴奋需求：cr_1 为半加工模块化组件，cr_2 为专家使用指导，cr_3 为减少测量工作量。

F_u 无关紧要需求：cr_1 为动态资源中心，cr_2 为外观颜色醒目，cr_3 为滚轮轮距与基础铁轨轨距相吻合。

3.5.2 用户需求重组和传递

根据 3.1 节所描述的方法，将用户需求进行重组并构建多类型产品服务系统模型，具体构建方法如下。

（1）面向结构的产品服务系统：所有的基本需求作为实体产品必须实现的功能，少部分权重较高的兴奋需求作为无形服务所能实现的功能。在满足所有基本需求的前提下，适当考虑引入兴奋需求，即在面向结构的油浸式变压器产品服务系统中，首先考虑变压器实体产品的基本功能的满足，在此基础上，引入在线专家指导系统、在线采样分析系统等服务功能，使得该设备的使用效率得到提高。

（2）面向行为的产品服务系统：权重较高的基本需求作为实体产品所必须实现的功能，少部分权重较低的基本需求和兴奋需求作为无形服务所实现的功能，由实体产品功能和无形服务功能共同构成，即改变完全由实体产品实现基本需求，将少部分权重较低的基本需求通过服务的方式实现，同时适当考虑引入兴奋需求。在面向行为的油浸式变压器产品服务系统中，首先考虑基本功能和部分附加功能的满足，附加变压器运输和安装，以及运行状态过程监控等围绕实体产品相关的服务功能。

（3）面向功能的产品服务系统：无关紧要需求作为实体产品所必须实现的功能，而基本需求则作为无形服务所能够实现的功能。在面向功能的油浸式变压器产品服务系统中，产品可能不再是整体的形式，而是作为封装的资源形式进行租赁，在开放的动态环境中查找和利用最优资源，并通过第三方资源中心进行资源的分配和调度。

根据计算出的用户需求的相对权重，构建油浸式变压器的产品服务系统质量屋。该质量屋中包含用户需求与功能参数之间的关系矩阵，是一种产品和服务并行的质量屋，质量屋中包含对产品功能和服务功能之间相互关系、产品功能内部和服务功能内部相互关系矩阵的建立。通过质量功能配置方法中的质量屋将分析重组后的用户需求正确地传递和转化为产品服务的功能特性。该方法的应用可以使制造企业在产品概念设计阶段就考虑到引入不同层次的服务构建多类型的产品服务系统设计。通过对用户需求的重组可以形成多类型产品服务系统的同步设计，质量屋可以使用户需求能正确地分配到相应的功能中。

参考文献：

[1] 邵家俊. 质量功能展开 [M]. 北京：机械工业出版社，2004.

[2] 野纪昭. 在全球化中创造魅力质量 [J]. 中国质量，2002 (9)：32—34.

[3] KANO Noriaki. Attractive quality creation under globalization [J]. China Quality, 2002 (9)：32—34.

[4] 高新波. 模糊聚类分析及其应用 [M]. 西安：西安电子科技大学出版社，2004.

[5] Tukker A，Tischner U. New business for old Europe：Product services, sustainability and competitiveness [M]. Sheffield：Greenleaf Publishing，2006.

[6] Utne I. Improving the environmental performance of the fishing fleet by use of quality function deployment (QFD) [J]. Journal of Clean Productions, 2009, 17 (8)：724—731.

[7] Ceilia Y，John Y，Tial W A. House of quality：A fuzzy Logic-based requirements analysis [J]. European Journal of Operational Research, 1999 (117)：240—354.

[8] Lee J W，Kim S H. Using analytic network process and goal programming for interdependent information system

project selection ［J］. Computer & Operation Research，2000（27）：367－382.

［9］ Saaty T L. Fundamentals of decision making and priority theory（2nd edition)［M］. Pittsburgh：RWS Publication，2000.

［10］ 李莉，薛劲松，朱云龙. 虚拟企业伙伴选择中的多目标决策问题 ［J］. 计算机集成制造系统，2002，8（2）：91－94.

［11］ Hauser J R，Clausing D. The house of quality ［J］. Harvard Business Review，1988，66（3）：63－73.

［12］ 聂大安，李彦，麻广林，等. 基于用户需求分类的同步多产品设计方法 ［J］. 计算机集成制造系统，2010，16（6）：1131－1137.

［13］ 丁俊武，韩玉启，郑称德. 基于 TRIZ 的产品需求获取研究 ［J］. 计算机集成制造系统，2006，12（5）：648－653.

第4章 基于 TRIZ 理想解和功能激励
的产品服务系统创新设计方法

TRIZ 理论是一种基于知识的、面向人的解决发明问题的系统方法学[1]。最初是由俄国学者 Altshuler G S 带领的团队通过对大量的专利进行分析和探索，归纳总结得出的一整套规律性的、系统化的发明问题解决流程[2]。TRIZ 理论主要有三个特点[3]：①TRIZ 理论是在大量总结自然科学和工程中的知识，以及出现问题的领域知识的基础上，提出的一种基于知识的问题解决方法。②TRIZ 理论面向的对象是设计者，而不是设计的实体。从问题本身出发，TRIZ 理论中包含的设计工具更注重对设计者思维的启发。③TRIZ 理论是一种系统化的方法，对问题的分析过程采用了通用的设计模型，方便已有知识的迁移和重用。TRIZ 理论发展至今，已经形成了一套完善的问题解决方法体系。其中主要包含六大关键部分[4]：创新思维方法和问题分析方法，技术系统进化法则，技术矛盾解决原理，创新问题标准解法，发明问题解决算法 ARIZ，基于物理学、化学、几何学等工程学原理而构建的知识库。

TRIZ 理论中的技术系统进化法则，包括技术系统的 S 曲线进化、提高理想度进化、子系统的不均衡进化、向动态和可控性进化、集成度先增后减进化、子系统协调性进化、向微观级和场进化、减少人为作用进化八大进化路线。这些进化路线为产品未来可能的进化方向给出了科学的预测，引导设计者在某一特定领域寻找设计解，从而可以减少寻找设计解的时间，提高设计效率。在产品概念设计研究中，TRIZ 理论技术进化路线得到了较为广泛的应用。TRIZ 理论技术进化路线同样也可以应用于产品服务系统设计，对产品服务系统进行市场需求、定性技术、新技术产生、专利和战略制订方案等方面的预测均具有导向性的作用。TRIZ 理论技术进化方法可以用来指导解决技术难题，预测产品服务系统可能的发展方向，对产品服务系统的设计给出具体的方向。

　　本章提出了一种基于 TRIZ 理想解和功能激励的产品功能与服务功能交互式的设计方法。在该设计模式下，首先基于 TRIZ 理想进化路线给出了产品服务系统三种可能存在的进化状态，结合服务蓝图法和系统功能图建立产品服务系统功能蓝图模型，并在该功能模型的基础上进行不同的功能变换以产生概念解，从而实现不同进化方向下产品服务系统的进化。该方法在概念设计阶段对产品和服务的关系进行分析和明确，以期在满足用户的效用需求的基础上，尽可能地降低物质流（产品数量），增加环境友好性。以产品服务系统进化路线为引导，功能激励为手段，完成了整个分析过程的实现。最后通过一个示例对该方法进行验证。

4.1　基于 TRIZ 理想解的产品服务系统进化路线

　　TRIZ 理想解认为，技术系统的理想化状态是：不存在物理实体，不消耗资源和能量，却能够实现所有必要的功能，即对技术系统而言，重要的不在于系统本身，而在于如何更科学地实现功能[5]。基于 TRIZ 理想解的核心内涵和产品服务系统的相关定义[6-7]，本书认为产品服务系统是一种以满足客户需求为基础，以获取价值为目的的概念外延化的产品，是有形实体产品和无形服务产品的整合。产品服务系统的关键是产品的功能和结果，用户可以不拥有或不购买物质形态的产品而直接获得产品的功能和结果。在产品服务系统模式下，尽可能地用非物质的服务取代实体物质产品，从而减少物质流，有利于节约资源和保护环境。有形产品是由产品制造者设计和制造出来的，无形服务可以由产品制造者提供，也可以通过第三方服务提供者予以实现。产品服务系统中产品功能与服务功能的交互关系如图 4.1 所示。

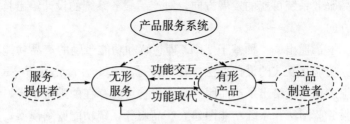

图 4.1　产品功能与服务功能的交互关系

TRIZ 理想解设定了一系列的理想模型，包括理想系统、理想过程、理想资源、理想方法、理想机器和理想物质等[8]。产品服务系统最终的理想化状态是一种理想系统，即没有实体、没有物质，也不消耗能源，但能实现所有需要的功能的系统。TRIZ理论还提出了一种用以提高理想度的法则，使系统朝着最大化有用功能、最小化有害功能的提高理想度方向改进。TRIZ 理论中用以对系统的理想化程度进行衡量的参数，被称为理想化水平，式（4-1）为 TRIZ 理想化水平衡量公式：

$$I = \frac{\sum UF}{\sum HF} \tag{4-1}$$

式中：I 表示理想化水平，$\sum UF$ 表示有用功能之和，$\sum HF$ 表示有害功能之和。

本书根据 TRIZ 理想化水平衡量公式和产品服务系统的定义，提出了产品服务系统的理想化水平衡量公式：

$$I = \frac{\sum UF}{\left(\sum Cost + \sum HF\right)} \tag{4-2}$$

式中：I 表示理想化水平，$\sum UF$ 表示产品服务系统的有用功能之和，$\sum Cost$ 表示产品服务系统消耗的总成本，$\sum HF$ 表示产品服务系统产生的有害功能之和。有害功能主要包含可能对人类健康产生的危害、对企业运作模式的影响、对社会产生的负面效应、对环境的污染和消耗等。由于对人类、企业和社会产生的负面影响是不可控的，本书中产品服务系统的有害功能主要是指对环境的总消耗。

由式（4-2）可以得到，产品服务系统的理想化水平与产品服务系统能提供的有用功能成正比，与消耗的总成本和产生的有害功能成反比。产品服务系统创新设计以提高理想化水平为目标。根据式（4-2），产品服务系统的进化路线存在以下几种状态。

（1）增大有用功能：从产品制造向产品服务阶段拓展。在该进化路径下，制造者将仅依靠实体产品满足客户需求这种单一的供求形式，转变为服务与产品相融合来共同满足用户需求的多元化产品形式，使产品不仅包含客户对产品的使用需求，还围绕着实体产品添加了能维持和延长产品使用功能的一系列服务功能。

（2）降低成本：尽可能地提高实体产品的使用效率。在该进化路径下，制造者尽可能在满足顾客需求的前提下，将实体产品作为服务的平台或载体提供给用户。从实体产品的合理化利用和分配的角度考虑，不对产品的所有权进行转移，从而提高实体产品的使用效率，降低成本。

（3）降低环境消耗：服务直接为用户提供最终结果。客户关注的重点更多地在于实体产品所能提供的功能，而对于如何达到这个功能不再过多关注。尽可能地不再制造或少制造有形产品，以全新的服务方式实现客户需求，从而降低对环境的消耗。

如图 4.2 所示，产品服务系统进化路线从最初的产品和服务各自独立，进化到围绕产品提供附加服务，再进化到产品作为服务的平台或载体，最后进化到服务直接为用户提供最终结果，直至实现最终理想状态。

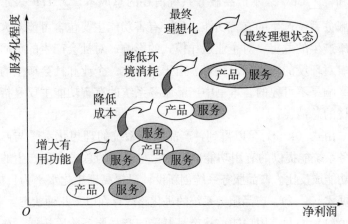

图 4.2　产品服务系统进化路线

4.2　基于产品服务蓝图的产品功能/服务交互表达

产品服务系统的核心思想是用户购买产品的功能和结果[9]，功能是产品服务系统概念设计中最基本的元素。目前国内外学者从功能角度对现有产品进行创新设计已有深入研究，并提出了一些理论方法[10-12]。本书根据 Umeda 对功能的定义[13]，将产品服务系统的功能定义为：从用户感知角度抽象出一系列产品行为或服务行为的描述来实现设计目标。

由于服务行为与实体产品具有异质性和设计的交互性，需要一种有效的方法对产品服务系统中产品和服务交互的功能模型进行表征。本书基于服务蓝图法[14]和系统功能建模法[15]，建立了包含实体产品功能和相关服务功能交互关系的一种功能表征方法，即产品服务系统功能蓝图法。该方法将产品服务系统功能模型分为四个部分，并基于功能系统图的表达方式，采用了统一的符号进行规范化表达，如图 4.3 所示。

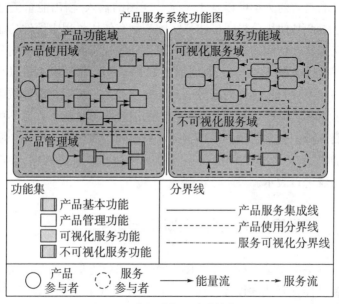

图 4.3　产品服务系统功能蓝图

图 4.3 中采用了三条分界线将整个产品服务系统划分为四个不同的功能区域，把原有的系统边界扩大到了包含顾客、产品和服务三者的交互。产品服务系统的三条分界线分别是产品服务集成线、产品使用分界线和服务可视化分界线。首先，产品服务分界线将产品服务系统功能蓝图划分为产品功能域和服务功能域，用以描述产品和服务之间的交互关系。产品功能域中包含了产品服务系统中实体产品的功能集合，服务功能域包含了产品服务系统中无形服务的功能集合。其次，产品使用分界线又将产品功能域划分为产品使用域和产品管理域，用以描述产品服务系统中直

接提供和间接提供的产品功能之间的关系。产品使用域中包含了实体产品在使用过程中所必须具备的基本功能集合 F_b，产品操作域中包含了实体产品在使用过程中通过计算机程序等软件支撑其完成基本功能的支撑功能集合 F_s。产品功能域和产品操作域中功能之间的关系可以基于系统功能图的输入/输出能量流进行表示。产品使用分界线描述了实体产品在使用过程中硬件功能后台支撑软件功能的交互。服务可视化分界线将服务功能域划分为可视化服务域 F_u 和不可视化服务域 F_v，用以描述顾客可以直接感知和不可直接感知的服务之间的交互关系。可视化服务域中包含了用户能够感知并且能直接参与的前台服务功能集，而不可视化服务域中包含了用户不可感知，只能间接获得的一些后台服务功能集 F_{uv}，功能之间的关系通过基于功能系统图的输入/输出服务流进行表示。

4.3 产品服务交互关系创新设计策略

本书提出了一种基于 TRIZ 理想解和功能激励的产品功能与服务功能交互式的设计方法。在该设计模式下，首先基于 TRIZ 理想进化路线给出了产品服务系统三种可能存在的进化状态，结合服务蓝图法和系统功能图建立产品服务系统功能蓝图模型，并在该功能模型的基础上进行不同的功能变换以产生概念解，从而实现不同进化方向下产品服务系统的进化。

4.3.1 服务功能补充产品功能

产品服务系统最初的进化方向是从产品制造向产品服务阶段拓展，通过为实体产品提供附加服务来增大有用功能。在该进化路线下，采用的功能激励策略是服务功能补充产品功能，如图 4.4 所示。

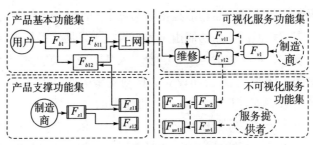

图 4.4　服务功能补充产品功能

服务功能补充产品功能是指原产品服务系统中的某一产品功能与某一服务功能相互补充，保留了原有的优良特性，并且获得了更好的功能特性。例如：联想公司推出的联想远程软件服务，可视化服务功能中的"维修功能"与产品基本功能中的"上网功能"相互补充，用户可以通过技术维护 App 方式与技术人员约定维修服务具体方案，技术人员可以通过网络直接对实体产品进行软件故障排除、远程技术问题解决和硬盘数据恢复。

4.3.2　服务功能协同产品功能

产品服务系统中间的进化方向是通过实体产品作为服务的平台或载体提供给用户，从实体产品的合理化利用和分配的角度考虑，尽可能地提高实体产品的使用效率。在该进化路线下，采用的功能激励策略是服务功能协同产品功能，如图 4.5 所示。

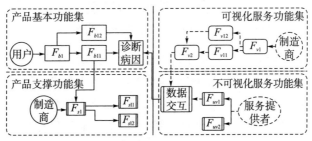

图 4.5　服务功能协同产品功能

服务功能协同产品功能是指原本某个产品功能不能很好地实现客户需求，但该产品功能由于其自身技术发展水平的限制无法进一步改进，在这种情况下，需要引入某个服务功能对产品功能进行协同。例如：GE 公司设立的自动支持中心，将不可视化功能中的"数据交互"对产品基本功能中的"诊断病因"进行协同，解决了传统医疗器械在诊断病患时只能依靠自身经验提供的单一信息进行诊断这一问题，通过数据交互将病患的诊断结果反馈给 GE 医疗在线中心，由在线中心对病患进行补充式和交互式的诊断，将传统的医疗器械转变为提供医疗服务的平台或载体。

4.3.3 服务功能替代产品功能

产品服务系统的最终进化方向是服务直接为用户提供功能或最终结果，以全新服务方式实现顾客需求。在该进化路线下，采用的功能激励策略是服务功能替代产品功能，如图 4.6 所示。

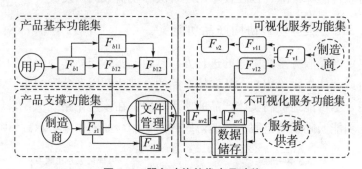

图 4.6 服务功能替代产品功能

服务功能替代产品功能是指原本某个能实现顾客需求的产品功能，由于实现该产品功能的实体产品会产生污染和消耗，考虑将该产品功能由某个既能满足需求又不需要实体结构支持的服务功能来实现。例如：Apple 公司将不可视化服务功能中的"数据存储"取代产品基本功能中的"文件管理"，推出了 iCloud，它基于网络云技术采取了一种全新的方式存储并管理本地文件，为每个客户提供 5G 的云终端，实现了信息的自动同步及推送。其扫描配对的功能让用户可在任何装置上存取先前从 iTunes 购买的文件，成为一种移动的个人多媒体。iCloud 技术可以避免硬件、软件许可证的采购，采用混合云的模式实现云存贮端储存资源的自动分配，从而缩短各项运营周期，减少资源的消耗。著名的石油服务公司哈里伯顿公司，将不可视化服务功能中的"数字孪生"取代产品基本功能中的"数据管理"，推出了"数字孪生石油服务系统"，建立钻井虚拟数字模型。通过传感器模型可以随时获取真实物体的数据，并随之一起演变，犹如现实物体的"孪生兄弟"。利用数字孪生模型对油田现场进行分析、预测、诊断，优化生产和决策。通过数字孪生技术，可以最大限度地减少油田现场生产运营所需的工作人员数量，还能够通过预测性维护，提前识别设备故障，提高生产安全性，降低运营成本。

4.4　基于产品服务功能蓝图的产品服务交互设计过程

产品服务系统创新设计过程从功能建模开始，基于产品服务系统可能的进化路线，选择合理的功能激励策略，进行产品功能与服务功能的交互设计，最终获得产品服务系统概念解，设计过程模型如图 4.7 所示。整个设计过程模型包含以下四个主要模块。

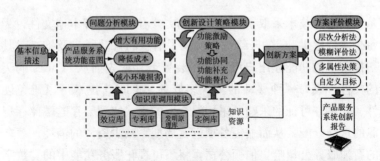

图 4.7　基于 TRIZ 理想解和功能激励的产品服务系统创新设计流程

（1）功能建模模块。分析已有产品的利益相关者，并对已有产品的功能进行分解和细化。提取并录入产品功能和服务功能。根据录入的功能组件，对应不同的利益相关者，构建产品服务系统功能蓝图，明确整个产品服务系统中产品功能和服务功能之间的交互过程，以及不同的利益相关者和产品功能/服务功能之间的关系。

（2）进化方向选择模块。基于 TRIZ 理想进化路线得到产品服务系统三种可能的进化状态。设计者可以通过市场观察评估以及用户需求调研等方法获取不同的需求，并根据这些需求进行产品服务系统进化路线的选择。选择的进化路线可以辅助设计者进一步明确产品服务系统创新设计方向。

（3）功能激励策略模块。结合产品服务系统功能蓝图，从已经选择的进化状态出发，利用对应的功能激励策略对功能组件进行分析和改进，以得到多个可能的功能激励方向，形成相应的功能需求信息，并获取相应的原理解。

（4）方案生成与评价模块。根据需求对得到的原理解进行评估，如果不满足市场需求和顾客需求，则需要进一步进化或者重新选择进化方向；如果满足需求，则结合基础产品进行具体化分析，并借助已有的知识资源将原理解转化为相应的产品服务系统创新设计方案，再根据成本、市场状况、企业的实际情况等对方

案加以优化评价，进而得到创新性、实用性及可实现性相对较好
的方案。

4.5　示例

电梯是一种以电动机为动力的垂直升降机，通过刚性导轨运
行的箱体或者沿固定线路运行的梯级，进行人或货物的平稳升降
和运输。电梯主要由机房、井道及底坑、轿厢和层站组成，通过
拽引、导向、重量平衡、电力拖动、电气控制、安全保护等几个
主要系统完成运作。

目前，经济的快速发展和城镇化进程的加快成为持续推进电
梯需求增长的主要动力。房地产行业的持续快速发展，使电梯需
求大量增加，导致电梯的市场竞争越发激烈。仅依靠单纯的技术
领先，而缺乏整体配套的商业模式支持的单一化电梯产品难以和
竞争对手拉开差距，从而陷入了与众多电梯制造商白热化的价格
竞争中。以电梯制造企业为了更好地满足用户需求而开展的一系
列技术研发和市场需求响应，从而建立的电梯产品服务系统为示
例，继续寻找新的需求市场和利润切入点，坚持以人为本，为乘
坐电梯的人提供最好的服务。

4.5.1　需求分析和功能表达

在保持电梯运输用户过程中用户舒适与便捷的体验感受不变
的情况下，以提高电梯的多样化服务为目标，进行电梯产品服务
系统概念设计。首先对用户需求进行分析，通过用户访谈和市场
反馈获取原始的用户需求，并通过模糊聚类法、AHP 对收集的
原始用户需求按照基本需求、兴奋需求和期望需求进行整理，形
成系统的、有层次的用户需求。用户需求主要包括安全、乘坐舒
适、可靠性高、服务功能多、易于操作、美观性、节能、环

保等。

根据需求分析可知，市场上现有的电梯在乘坐舒适性、可靠性、功能性、节能、环保等方面存在较大差别。若要提高产品整体性能，需要从这些方面加以考虑。通过功能分析，实体产品功能分为产品基本功能和支撑功能，无形服务功能又分为可视化服务功能和不可视化服务功能。电梯基本功能包括上下楼运输、按需停靠、超重提示、重量平衡、紧急制动等。支撑功能包括监控、故障报警、传感信息、数据收集、数据管理等。可视化服务功能包括产品定期保养、诊断故障、维修产品、动态广告信息。不可视化服务功能包括操作控制、信息更换、针对性信息、背景音乐等。利用功能建模工具对电梯进行产品服务功能分析，构建相应的产品服务系统功能模型，如图 4.8 所示。

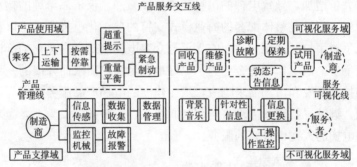

图 4.8 电梯产品服务系统功能模型图

4.5.2　进化路线系统选择和功能交互

通过建立的电梯产品服务系统功能蓝图，选择产品服务系统蓝图不同区域的部分服务功能和产品功能，分析它们之间的关系，建立起相应的电梯产品功能相关矩阵，并根据不同进化路线相对应的功能激励策略，进行产品功能和服务功能的交互，如图4.9所示。

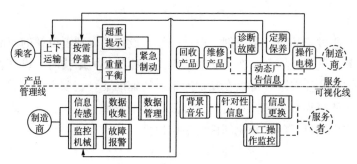

图 4.9　电梯功能激励策略选择

　　根据上述三种不同的进化路线，采用不同的功能激励策略对电梯进行产品服务系统创新设计。

　　（1）进化路线 1：增大产品有用功能。与其相对应的功能激励策略是服务功能补充产品功能。选择可视化服务功能中的"故障诊断"功能和支撑功能中的"监控机械"功能相互补充，针对这一情况，制造商可以将监控数据转化为电梯设备的运行状态及能耗强度信息，实现预防性的电梯设备检测和维护，并根据这些信息通过监控和故障警报对乘客进行故障预警，能够极大地降低电梯的故障率和可能因故障带来的人员伤亡。

　　（2）进化路线 2：降低成本。与其相对应的策略是服务功能协同产品功能。将服务功能中的"动态广告信息"与服务功能中的"上下楼运输"相互协同，按照电梯使用者的不同和楼层的高低设置时长合适的不同广告信息。如住宅和商用楼较高，使用者固定；酒店楼层高，使用者不固定；购物商场使用者不固定，楼层不高。通过对不同场所属性的研究，可以分析出不同客户的需求特征，并提出有针对性的广告投放方案。

　　（3）进化路线 3：降低环境消耗。与其相对应的功能激励策略是服务功能替代产品功能。将主机、驱动柜和控制柜都安装在井道上部，不再需要专用的电梯操作机房，与传统电梯相比，在外形美观和实用性上都有了很大的提高，具有超强的空间节约性。

通过产品服务系统创新设计操作，设计者得到了电梯的产品服务系统功能模型。在由功能映射到具体的行为结构时，设计者的知识往往有限，可以在知识库系统的辅助下，获取更多的满足功能的行为结构解。然后进行部件的详细设计，寻找实现原理解的结构信息，建立相应部件的结构模型。

参考文献：

[1] Semyon D S. Engineering of Creativity [M]. INC，1999.

[2] Semyon D S. Engineering of Creativity [M]. Florida：CRC Press，1999.

[3] 赵新军. 技术创新理论（TRIZ）及应用 [M]. 北京：化学工业出版社，2004.

[4] 李彦，李文强，等. 创新设计方法 [M]. 北京：科学出版社，2013.

[5] Altshuller G. The innovation algorithm：TRIZ, systematic innovation and technical creativity [M]. Technical Innovation Centre，2000.

[6] 江平宇，朱琦琦. 产品服务系统及其研究进展 [J]. 制造业自动化，2008，30（12）：10-17.

[7] Roy R. Sustainable product−service system [J]. Future，2000，32（1）：289-299.

[8] 丁俊武，韩玉启，郑称德. 基于 TRIZ 的产品需求获取研究 [J]. 计算机集成制造系统，2006，12（5）：648-653.

[9] MONT O. Clarifying the concept of product−service system [J]. Journal of Cleaner Production，2002，10（3）：237-245.

[10] 檀润华，刘芳. 需求进化与功能进化集成的创新设想产生

研究 [J]. 计算机集成制造系统—CIMS, 2011, 17 (10):
2093−2100.

[11] 麻广林, 李彦, 黄振勇, 等. 进化驱动型产品创新设计方法研究 [J]. 计算机集成制造系统—CIMS, 2009, 15 (5):
849−857.

[12] 孙其英, 李彦, 李文强, 等. 基于功能激励的产品创新设计策略 [J]. 农业机械学报, 2011, 42 (3): 197−202.

[13] Umeda Y, Ishii M, Yoshioka M, et al. Supporting conceptual design based on the function-behavior-state modeler [J]. Artificial Intelligence for Engineering, Design, Analysis and Manufacturing, 1996 (10): 275−288.

[14] Kevin N O, Kristin L W. Product design: techniques in reverse engineering and new product development [M]. Pearson Educ., 2001.

[15] Shostack G L. How to design a service [J]. European Journal of Marketing, 1981, 16 (1): 49−63.

第5章　计算机辅助机电产品
服务系统创新设计

　　产品服务系统设计是一个由抽象到具体的逐步求精过程，概念设计是设计过程的早期阶段，在这个阶段确定满足设计问题功能要求的解，创新设计主要在这个阶段完成。概念设计支持系统的重点是计算机辅助和支持人的创新设计活动，而不是概念设计的自动化。该系统要能支持设计者使用多种形态表述他们的设计概念，即支持草图、工程图、三维模型、文本、计算、图片、表格、多媒体和对象等多种表达形态，能支持设计者创建、分析、评价和选择他们的创新设计概念，支持设计组协同工作和远距离分布式设计工作。在创新设计方法的基础上，集成产品设计知识库、企业内部及互联网的信息源、概念设计支持系统、协同设计环境和其他常规三维 CAD 工具，形成计算机辅助产品创新设计系统[1]。

　　本章提出的计算机辅助机电产品服务系统创新设计模型能支持创新思维方法和工具、知识库、语义网络搜索方法等，以构成支持概念设计到详细设计的计算机辅助产品服务系统创新设计软件。它具有以下功能：①引导设计人员创新思维，提供一套完整的创新思维和设计方法，使设计人员知道如何进行机电产品服务系统创新设计。②促使设计人员创新思维，在使用所提供的方法和工具时，设计人员不能绕开某些重要步骤从事设计。③帮助设计人员创新思维，提供创新设计原理和知识库，使设计人员能有效地利用内外部资源激发创新灵感。④有利于设计人员创新思维，提供概念设计环境，使设计人员能用草图、文本、图片、多媒体等多种形式表达他们的创新思维。

5.1　产品服务系统创新设计软件体系结构及框架设计

计算机辅助机电产品服务系统创新设计软件是集成信息技术、产品服务创新设计理论与方法的会聚平台，也是创新设计的工作平台。其关键作用是在产品的概念设计阶段和方案设计阶段为设计者提供有用的工具以提高设计者的创新设计能力，而不是概念设计的自动化。本小节描述的系统仅仅是一个雏形，下一小节的工作是进一步完善各功能模块，使之成为一个功能齐全的计算机辅助产品服务系统创新设计软件。

5.1.1　原型系统的体系结构

计算机辅助产品服务系统创新设计平台主要由知识库系统、信息检索系统、创新设计空间及创造性思维方法四个部分构成，其关键作用是在产品服务系统的概念设计阶段、方案设计阶段为设计者提供有用的工具以提高设计者的创新设计能力。

概念设计空间是计算机辅助机电创新设计系统的核心，可以实现知识库系统、信息检索系统、创造性思维方法、CAD 工具的集成。用户通过概念设计空间提供的人机交互接口进行系统各功能模块的操作及各种创新资源工具的调用，以实现从设计任务分析到创新方案输出的转化，而该转化过程即多学科知识融合的过程。生成的创新设计方案以项目总结报告的形式输出，便于方案管理与交流，如图 5.1 所示。

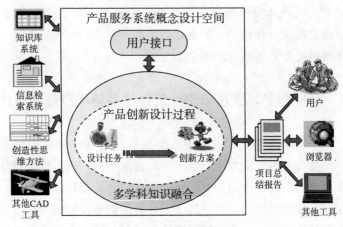

图 5.1　系统总体框架

计算机辅助创新设计系统的逻辑体系结构如图 5.2 所示。

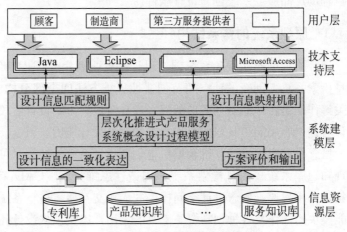

图 5.2　系统逻辑体系结构

（1）用户层是系统的用户接口部分，负责使用者与整个系统的交互，具有系统集成的作用，并对系统扩展提供良好支持。主要为用户提供系统显示、信息输入、交换操作和结构输出等操作。用户可以用文本、图形、超文本、超媒体等方式，向系统请求服务进行产品创新设计。

（2）技术支持层是整个体系的基础，根据信息具体表达内容与规范形式，通过语义扩展、本体建模等计算机技术，实现将方法策略的语义、能力、执行过程等封装成策略服务。

（3）系统建模层是整个系统的核心，它与这个系统的领域有关，包括支持产品创新设计各个阶段的应用模块，如用户需求分析、设计问题分析、设计问题求解、设计方案管理、设计资源管理及设计知识管理。这些模块为设计人员提供产品创新设计各个阶段的应用功能，同时可以使设计人员访问资源平台中各类数据库和知识库，加快创新过程。

（4）信息资源层是整个系统的支撑平台，为系统提供数据支持，由用户需求信息库、企业创新方案库、科学效应知识库、发明原理实例库及多层信息检索引擎组成。这些库主要是以管理结构化数据见长的关系型数据库，部分是管理非结构化数据的文档数据库，如管理大量文件、图表、声音、视频等非结构化数据时就需要利用文档数据库。

5.1.2　原型系统的运行流程框架设计

计算机辅助机电产品服务设计软件系统的运行流程如图 5.3 所示，始于用户开始进行产品服务系统概念设计，终于概念设计方案的完成，既可以作为产品概念设计后期阶段服务设计过程的补充，也可以成为独立的计算机辅助机电产品服务于概念设计应用。基于 CAIP 的产品服务系统设计软件主要是为设计者提供一个通过信息技术支撑的产品服务系统概念设计平台，辅助设计者更快、更完善地进行产品服务系统概念设计。

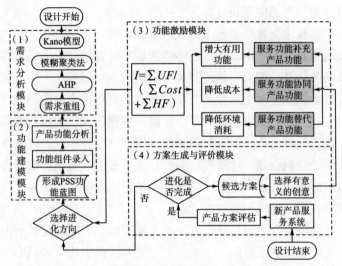

图 5.3　计算机辅助机电产品服务创新设计平台运行流程框架

　　产品服务系统设计子系统中主要包含用户需求分析、产品服务功能建模、功能变化、知识库支持和方案评价及输出等几个主要设计模块。在该子系统中，设计者可以首先对设计任务进行分析，并根据分析结果对用户需求进行分类，将分类和权重排序后的需求进行重新组合，再根据 QFD 将需求映射到相关的产品功能和服务功能中，从而实现产品服务系统的需求分析。设计者可以在系统已有的功能分类中添加一些功能属性，并选择添加一些利益相关者和功能关系，点击完成后系统自动生成一个扩展的产品服务系统功能蓝图，从而实现产品服务系统的功能建模。随后设计者可以根据系统提示并结合实际情况选择不同的进化路线，从而实现产品服务系统的进化路线选择。该系统能够引导设计者在原始的功能蓝图的基础上进行三种功能激励的操作，并链接到CAIP 现有的知识库中以获取相应的知识支持，从而激发产品服务系统设计概念的产生，实现产品服务系统概念设计的完整过程。最后，系统将概念设计生成的方案结果进行输出。

5.1.3 原型系统的开发环境

原型系统的开发工具与运行环境：以 Java 作为开发工具，Eclipse 作为集成开发环境，Eclipse RCP 作为系统的程序框架，Eclipse GEF 作为图形编辑框架，Cult3D 实现三维交互，Microsoft SQL Server 作为后台数据库管理系统进行系统运行数据和知识资源的存储，以 ASP. VBscript 引擎实现动态网页生成，SolidWorks 用于产品三维建模，在 Windows 平台上实现并运行。

所开发的系统具有如下特点：①具有跨平台特性，充分保证了系统的可移植性；②基于插件的程序体系结构，便于系统的升级和维护；③对系统运行数据进行结构化存储，便于设计数据的共享和重用；④采用文字、图形化模型、动画、三维交互等多种方式表达创新设计概念，便于人机协同工作。

5.2 产品服务系统创新设计原型系统的功能模块

本书开发的计算机辅助机电产品服务系统概念设计子系统集成了产品设计、服务行为设计和产品服务交互设计，能够支持不同的设计者在产品服务系统概念设计过程中共同参与和协作。通过该软件能够实现全面分析现有的服务、设计新产品、设计新服务、设计新产品服务系统、可视化服务、评价服务或者模拟仿真服务等功能。本小节对计算机辅助机电产品服务系统设计软件中的典型设计模块进行了详细的分析和说明。

5.2.1 需求分析模块

计算机辅助机电产品服务系统创新设计软件中的需求分析手段包括信息提示、需求整理、数学运算、结果输出等。进行产品服务系统设计时，可使用现有的需求分析手段进行分析。其中，信息提示为设计者提供常见的用户需求及技术措施信息、输入错误提示、信息保存提示、评分准则提示等；用户需求整理为设计者提供可定制的用户需求调查表、模糊聚类工具，辅助设计者进行用户需求的收集与预处理，包含用户需求及产品功能输入、需求及服务功能输入、产品功能与服务功能关系矩阵分析等；数学运算主要根据设计者输入的信息，按照系统内置的层次分析法计算公式和流程，自动计算用户需求权重等项目；需求分析结果以表单的形式输出，表单内容按照固定的模板格式组织排列，分析结果包括排序后的产品功能和排序后的服务功能、产品功能权重排列和服务功能权重排列、产品功能和服务功能负相关关系，以及产品服务系统的综合评价等；用户信息管理主要是对相关需求信息进行添加、删除、修改等操作，为资源重用提供条件。详细的操作界面如图 5.4 至图 5.7 所示。

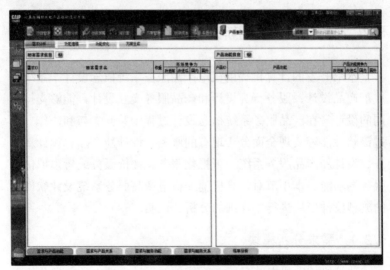

图 5.4　需求与产品功能输入界面

图 5.5　需求与服务功能输入界面

图 5.6　关系矩阵界面

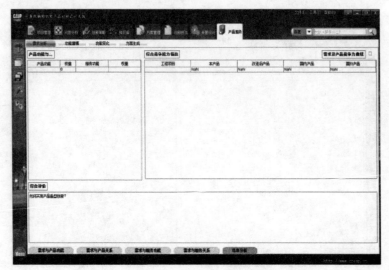

图 5.7　需求分析结果显示界面

5.2.2　功能建模模块

　　功能建模模块能为设计者提供利益相关者添加、功能组件添加、功能关系选择等辅助设计关键。辅助现有设计者分析已有产品系统中的利益相关者，并对已有产品和服务的功能进行分解和细化，分析、提取并录入产品功能和服务功能。根据录入的不同功能组件，以及对应的不同利益相关者，构建产品服务系统功能蓝图，明确整个产品服务系统中产品和服务之间的交互过程，以及不同的利益相关者和产品/服务之间的关系。

　　计算机辅助功能建模工具的分析及求解过程如下：设计者输入产品功能以及与产品功能相关联的外部、内部服务功能，产品的功能组件包括基本功能和支撑功能，服务功能包括可视化服务功能和不可视化服务功能，并用不同形状和颜色的多边形表示。完成输入后，点击完成，系统将根据设置将各功能组件及相互作用关系图形化地表达出来，即生成扩展的产品服务蓝图，为设计

者展示原产品内部功能的交互关系。详细的操作界面如图 5.8
所示。

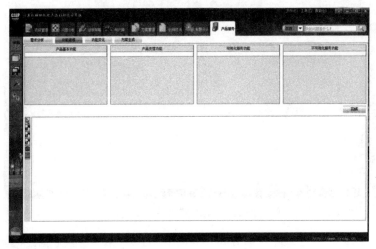

图 5.8　功能建模模块界面

5.2.3　功能变化操作模块

功能变化操作模块的主要功能是为设计者提供功能协同、功能补充和功能替代集中设计策略，使设计者能基于功能建模模块提供的扩展的产品服务蓝图进行这三种设计策略的操作，从而激发产品服务系统概念设计方案的产生。详细的操作界面如图 5.9
所示。

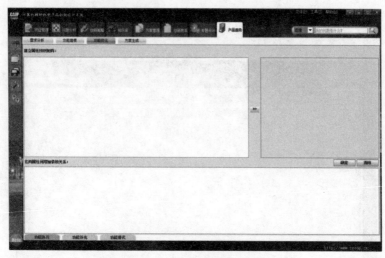

图 5.9 功能变化操作模块

设计者通过点选的方式在界面上部分左侧的功能模型图中选择一个产品功能和一个服务功能，系统将自动生成产品—服务属性预测矩阵，以方便设计者进行矩阵的趋势分析，并提示设计者在原本没有依赖关系的产品/服务功能之间建立相关关系。设计者根据提示，考虑如何在两个不相关的或者弱相关的产品功能/服务功能之间建立相关联系，使其能够实现功能协同、功能补充或者功能替代等设计策略。

5.2.4 信息检索和知识库支持模块

计算机辅助机电产品服务系统创新设计知识库的功能基进行检索，设计者可以通过功能基获取相应的知识，以辅助设计者激发设计灵感，更好地进行设计。详细的操作界面如图 5.10 所示。

图 5.10　知识库检索界面

　　信息检索和知识库支持模块的主要功能包括以下几个方面：①实现设计知识的搜索和查询；②实现设计知识的自动搜索和自动匹配；③系统产生的设计可以作为新的知识或实例，添加进入系统现有的知识库中，使得知识库不断得以自我完善。

　　计算机辅助机电产品服务系统创新设计知识库的使用方法如下：①利用创新方法库等具有一定规律且可以系统化实现的创新方法对技术问题进行求解，尤其是 TRIZ 理论中的冲突矩阵。设计者利用冲突矩阵获得相应的发明原理，通过实例库和专利库对发明原理赋予生动形象的实例进行解释，使设计者的思维由抽象转化到具体，能更好地辅助其产生产品创新设计方案。②设计者通过功能基，查找实现相应功能的科学效应、专利知识以及领域知识，或者通过一句用于表达产品所需实现功能的自然语句，通过自然语义对知识库进行检索。③允许设计者利用已有的产品设计知识进行专题问题求解。

5.2.5　方案生成输出模块

　　方案生成输出模块的主要功能包括生成新报告及打开最近的报告。输出报告如图 5.11 所示。当用户打开最近的报告时，系统自动搜索本项目工程最后一次生成的文件，若存在则打开，否则提示用户生成；当用户生成新报告时，系统弹出工程报告生成器，在该界面中用户可进行报告模板的选择和编辑、报告内容的选择、报告页面格式的设置及报告生成、插入概念设计草图等操作；当用户完成了某一类创新求解策略需要生成工程报告时，系统会自动检测用户是否执行过其他创新求解策略，并按照用户对模板的设置一并进行输出。

图 5.11　方案生成输出界面

5.3　产品服务系统创新设计原型系统分析示例

　　我国土地资源丰富，是传统的农业大国，对农业机械产品需

100

求量大，因此农业机械设备的生产在我国的制造业中长期占据着较大比重。目前，我国的农业设备生产商致力于为农户提供拖拉机、播种机、收割机、农机具等多种类型的技术产品。但这些生产商除了依靠销售机械与简单的维修机械获取利润外，没有其他增加收益的途径。另外，农户使用这些农机设备进行农耕时没有获得耕种相关的专业指导，也不关注不同作物和不同土地的差异，往往依靠自身积累经验进行耕种。本书针对这一现状，对农业机械进行产品服务模式的创新设计，借助向产品服务系统转型跳出传统制造模式的束缚，将制造企业单纯地生产农机产品转变为以提供农作物生长管理为主的产品服务系统。最后通过该示例对本书提出的产品服务系统设计方法进行验证。

5.3.1　用户需求分析

产品服务系统创新设计首先需要对用户需求进行获取和分析，通过用户访谈和市场反馈等手段获取原始的用户需求数据（本书的数据大部分来源于网络），并在产品服务设计子系统中进行输入。当前，农业机械设备的用户需求主要包括多功能、效率高、可靠性高、可操作性好、服务功能多、外形美观、节能、环保等。通过子系统需求分析模块中的用户需求预处理算法对原始的用户需求进行归类和合并。整理后的用户需求按照基本需求、兴奋需求、期望需求和无关紧要需求划分好类别，形成了系统的、有层次的用户需求。再通过系统中已有的 AHP 对已经分类的用户需求进行同类别用户需求之间的优先度权重高低排序。在人机交互的作用下，实现用户对农业机械设备产品需求的整理和筛选，得到需求重要度、产品功能/服务功能、相关功能列表，从而生成农业机械设备产品服务系统概念设计任务书，如图5.12 所示。

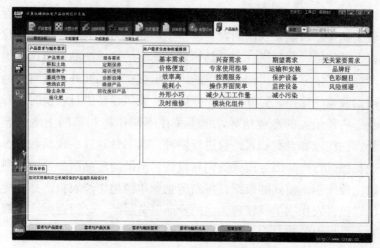

图 5.12　面向农业机械设备的用户需求分析

5.3.2　功能表达

根据"用户购买产品的功能和结果"这一产品服务系统核心思想，农机设备产品服务系统的研究对象从单纯的农业机械设备转变为农业机械设备所具有的功能。在子系统的功能建模模块中，输入相应产品功能和服务功能，生成相应的产品服务系统功能蓝图，如图 5.13 所示。

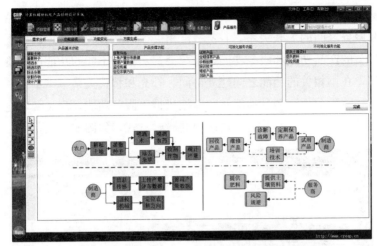

图 5.13　面向农业机械设备的产品服务系统功能表达

其中，实体产品功能分为产品基本功能和产品支撑功能，无形服务功能又分为可视化服务功能和不可视化服务功能。农机产品基本功能是指用户直接通过农机产品获取的一些基础功能，包括耕耘土地、播撒种子、灌溉作物、喷洒农药、除去杂草、施化肥、收割作物等。农机产品支撑功能是指用户通过一些软件技术与制造商交互获取的功能，包括远程监控、自动定位、传感信息、上传数据、管理数据等。可视化服务功能是指用户可以直接参与交互并能够直接感知的一些功能，包括试用产品、定期保养、培训使用、诊断故障、维修产品、回收废旧产品等。不可视化服务功能是指第三方服务提供者为保障农机产品更好地实现功能而提供的用户不能直接感知的服务功能，包括风险规避、专业土壤分析、生产和运输农药等。

5.3.3　功能变化

通过建立的农业机械产品服务系统功能图，以点选的方式选择部分服务功能和产品功能，系统将自动生成产品—服务属性预测矩阵以方便设计者进行设计的趋势分析。设计者可以输入产品和服务之间的关联关系，1 表示正相关，0 表示不相关。选择不相关的产品功能和服务功能，系统会提示根据不同的功能激励策略，在不相关的功能之间建立协同、补充和替代关系。本章选择了"故障分析"产品功能和"监控机械"服务功能，定义两者之间是不相关关系，并选择功能协同激励方式，如图 5.14 所示。

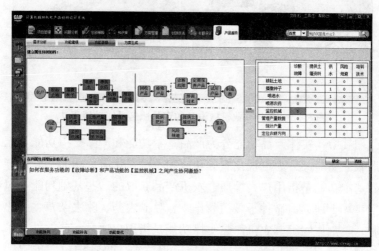

图 5.14　面向农业机械设备的功能变化

5.3.4　知识库系统设计支持

通过产品服务系统创新设计操作，设计者得到了新的农业机械产品功能模型，在由功能映射到具体的行为结构时，设计者的知识往往有限，可以在知识库系统的辅助下，获取更多的满足功能的行为结构解。然后进行部件的详细设计，寻找实现原理解的结构信息，建立相应部件的结构模型。

将通过知识库获取的信息和农业机械设备进行类比设计，从而获取相应的面向农业机械设备的产品服务系统概念设计方案。

输入"监控信息"得到了一种在线监测控制方法，如图 5.15 所示。将通过知识库获取的信息与农业机械设备进行类比设计，从而获取相应的面向农业机械设备的产品服务系统概念设计方案。

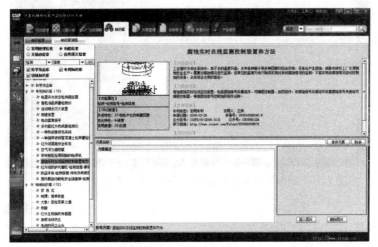

图 5.15　腐蚀实时在线监测装置和方法知识检索

5.3.5　设计方案输出

通过产品服务系统创新设计平台的设计方案输出模块，对生成的农机设备产品服务系统概念设计方案进行输出，如图 5.16 所示。

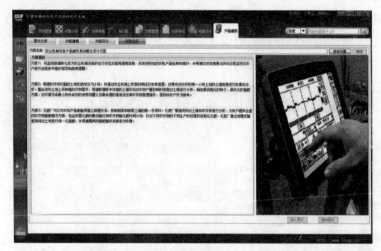

图 5.16　面向农业机械设备产品服务系统的概念设计方案输出

（1）进化路线 1：增大产品有用功能。与其相对应的功能激励策略是服务功能补充产品功能。选择可视化服务功能中的"故障诊断"功能和支撑功能中的"远程监控"功能相互补充。在传统模式中，农机设备制造企业所收集的设备状态和能耗信息只有在设备出现问题的时候才会被用于故障诊断，通常这些数据是存而不用的。针对这一情况，制造商可以将监控数据转化为农业机械设备的运行状态及能耗强度信息，实现预防性的农机产品检测和维护，并根据这些信息通过实时远程监控对农户进行远程技术维护指导和故障提醒，能够极大地降低农机产品的故障率和可能因故障带来的损失。

（2）进化路线 2：降低成本。与其相对应的功能激励策略是服务功能协同产品功能。选择不可视化服务功能中的"专业土壤分析"功能协同产品支撑功能中的"管理数据"功能，首先通过收集农业生产信息资料，了解土壤状况对农作物产量的影响，并将收集的数据存储在服务数据库中。根据软件将扫描的土地形貌划分为小块，并通过农业机械上安装的测试仪和传感器，对事先划分好的每一小块土地的土壤信息进行收集和分析。整合该块土地上所种植的作物需求，根据数据库中存储的土壤状况影响作物产量的信息对土壤进行分析，确定最优配比的种子、最优化的施肥方案、对环境污染最小的杀虫剂的使用剂量，以及最合理的灌溉途径等农作物管理服务，提供给农户作为参考。

（3）进化路线 3：降低环境消耗。与其相对应的功能激励策略是服务功能替代产品功能。选择不可视化服务功能中的"生产和运输化肥"功能代替产品基本功能中的"施肥"功能。化肥厂可以事先在土地上预置地埋式施肥系统和相关运输管路，将作物所需要的化肥通过管路从化肥厂运送到相关土地，并通过地埋式施肥系统施加到作物根部。化肥厂可以与农机产品制造商建立联盟关系，获取顾客和顾客土壤的第一手资料。化肥厂根据资料对土壤和农作物进行分析，为用户提供全套的农作物施肥解决方案，包括所需化肥的最优配比和农作物施化肥时间计划，针对不同作物的不同生产阶段提供定制化化肥。化肥厂通过地埋式施肥系统进行统一施肥，并根据提供的施肥服务按亩进行收费。

第 6 章 总结与展望

6.1 全书总结

本书的研究目的是在满足用户需求的基础上，提供由实体产品和无形服务交互形成的一体化产品服务概念设计方案。由于实体产品和无形服务的某些性质之间存在本质差异，因此产品服务系统概念设计过程具有设计对象异质性和设计过程复杂性等特点。需要结合传统的产品概念设计过程模型，建立一种面向产品服务系统的概念设计过程模型来有效地生成集成的概念设计方案。

本书围绕如何构建产品服务系统概念设计过程模型这一问题，在对产品概念设计、服务设计以及现有产品服务系统设计理论和方法的研究基础上，结合面向环境的功能—行为—结构系统化设计过程模型（Environment-behavior-function-structure，E-FBS），提出了面向产品服务系统概念设计过程的方法及技术。基于 Kano 模型、层次分析法、扩展的功能蓝图以及 TRIZ 理想解等技术手段，针对在产品服务系统概念设计过程中"如何正确将用户需求映射与传递到相关功能"和"有形产品功能和无形服务功能在设计过程中如何进行交互"这两个主要问题进行具体分析并加以解决。最后基于 CAIP 系统建立了计算机辅助产品服务设计子系统，从技术上实现了产品服务系统设计。

　　本书主要进行了以下五个方面的研究：

　　（1）对产品服务系统的定义、分类及相关研究进展进行了分析和总结。回顾了现有的产品概念设计、服务设计和产品服务系统设计相关的技术和方法，并在此基础上提出了构建面向产品服务系统的概念设计过程模型，以及概念设计过程中亟待解决的两个科学问题。研究了产品服务系统体系结构基础以及产品服务系统概念设计过程实现的相关理论，最后总结提出了一种新的产品服务系统分类方法。

　　（2）建立了基于用户需求层、功能层、产品结构和服务行为交互层、环境层四个设计层次交互构成的产品服务系统概念设计过程模型。通过功能分解树和交互任务图等信息表达方法，分别对不同设计层次中的设计信息及其相互关系进行了表达，并对不同设计层次之间设计信息的推理和传递关系进行了明确。同时，在产品结构和服务行为交互层中，给出了实体产品和无形服务可能存在的交互。最后根据不同的设计信息，建立了产品服务系统求解机制。

　　（3）提出了基于 Kano 模型的从顾客需求向产品功能/服务功能传递和转化的过程。首先根据 Kano 模型对产品服务需求进行分类，并根据模糊聚类法对用户需求进行合并和归纳。再通过 AHP 对每一类用户需求进行优先度的权重排序。最后根据用户需求的分类和权重的高低对用户需求进行重组，并借助 QFD 的瀑布传递策略将用户需求映射到不同的功能特征中，实现了从用户需求向产品或服务系统功能特征的传递与转化。

　　（4）对概念设计过程中产品服务系统可能的进化方向进行预测，并研究了产品功能和服务功能如何进行有效交互和匹配。首先通过拓展的服务蓝图方法实现了对产品信息、服务信息和参与者信息等设计信息的表达；其次基于 TRIZ 理想解和技术进化路线对产品服务系统可能的发展方向进行预测；最后对已有的产品功能单元和服务功能单元进行修改、交互和进化设计，实现了产品/服务功能需求，考虑了产品功能与服务功能之间的内部联系，以实现服务行为和产品结构之间的集成化求解。

（5）构建了计算机辅助机电产品服务系统创新设计软件。针对目前机电产品服务系统概念设计过程较少有计算机技术的支撑这一现状，结合产品服务系统概念设计流程与 CAIP 设计过程，对如何将产品服务系统概念设计过程融入现有的计算机辅助创新设计平台进行了探索。在本课题组开发的 CAIP 原型系统的基础上，构建了面向产品服务系统概念设计的软件系统，以辅助设计者摆脱原有的单纯进行产品设计的设计定势，扩展设计者的设计思维，提高设计效率。

6.2　进一步研究展望

本书针对面向产品服务系统概念设计过程的方法和关键技术做了研究，并详细讨论了在概念设计过程中从用户需求到产品功能/服务功能的传递和分配，以及产品和服务之间的交互关系两个关键问题。最后将产品服务系统概念设计过程融入了现有的计算机辅助创新设计平台。但本课题研究中仍有一些问题有待进一步深入。

（1）产品服务系统概念设计过程认知激励方向的研究。本书提出的实现产品服务系统概念设计过程的工具多建立在已有的理论、方法和工具的基础上，缺少对设计者在产品服务系统设计过程中概念方案生成的认知激励和服务参与者行为的认知基础等方向的研究。因此，基于认知原理，构建一个融合认知机理、体现设计者及服务参与者的行为认知过程的产品服务系统概念设计理论，是值得进一步研究的一个方向。

（2）产品服务系统概念设计方案的评价体系研究。本书在获得了产品服务系统概念设计方案后，还缺乏有效的方法对产品服务系统概念设计方案进行选择和评价。产品服务系统与传统的产品不同，其评价机制是一种融合多利益相关者共同的评价和协商过程。下一步研究需要综合用户、制造商、服务提供商等多个利益相关者的需求设定评价方法来进行多角度的产品服务系统概念设计方案评价和决策。

（3）产品服务设计子平台的服务知识库系统研究。本书构建的产品服务设计创新软件，延用了 CAIP 中现有的面向产品设计的知识库系统，缺乏有效的服务知识支撑。进一步研究工作可以研究服务知识包含的内容、表示方法和检索方式等，构建一个服务知识库，对计算机辅助产品服务系统概念设计过程提供更为有效的知识支撑。

（4）多利益相关者与产品服务系统之间的交互机制研究。不同类型的设计参与者关注的是不同的产品服务概念设计信息。产品服务系统的设计需要及时将设计参与者关注的特定设计信息传递给对应的设计参与者。进一步可以研究在不同的概念设计阶段面向不同设计参与者关注的重点，将设计视角作为产品服务系统表达研究的视角分类，构建网络化的多利益相关者参与的产品服务系统设计过程模型。

附录　部分源代码

///功能建模类定义
```
public class JP _ ProdConfig extends JPanel {
    private List innerItems=new ArrayList();
    private List outterItems=new ArrayList();
    private List innerItems2=new ArrayList();
    private List outterItems2=new ArrayList();
    private List arrowsItems=new ArrayList();
    private List componentsItems=new ArrayList();
    private List lastChanged=new ArrayList();
}
......
}
```
/重置产品功能表格数据
```
public void resetComponentsRefItem (ComponentContainer
container) {
    List coms=container. getAllComponents();
    resetComponentsRefItem(coms);
}
```
//重置服务功能表格数据
```
public void resetComponentsRefItem(List components) {
    for (int i=0; i < components. size(); i++) {
```

```
if（！(components. get(i) instanceof Component))
    continue;
Component c=(Component)components. get(i);
for (int m=0; m < innerItems. size(); m++) {
    ItemModel in=(ItemModel) innerItems. get(m);
    if (in. id== c. id) {
        c. setRefItem(in);
        break;
    }
}
......
}
//利益相关者和功能关系组件选择
private void this _ boolbarBtnClicked(ActionEvent e)
{
    Stringcmd=e. getActionCommand();
    if (cmd. equals("选择"))
    {
    toolbarBtns [0]. setBorder (BorderFactory. createLine
Border(Color. red)
    toolbarBtns [1]. setBorder (BorderFactory. createLine
Border(Color. gray));
    toolbarBtns [2]. setBorder (BorderFactory. createLine
Border(Color. gray));
    toolbarBtns [3]. setBorder (BorderFactory. createLine
Border(Color. gray));
    toolbarBtns [4]. setBorder (BorderFactory. createLine
Border(Color. gray));
```

113

```
        toolbarBtns［5］. setBorder（BorderFactory. createLine
Border(Color. gray)；
            container. setType（SysModelTypeManager.
NONE)；
        }
    ……
    }
    ……


//标准解树面板
public class JP _ StandSoluTree extends JPanel {
private SolutionTreeModel SolutionTreeModel；
private JTree SolutionTree；
private JScrollPane scorllPane；

private Icon treeNodeIcon1；
private Icon treeNodeIcon2；
private Icon treeNodeIcon3；
private Icon treeNodeIcon4；

//当前选取的标准解的信息
private String strSolutionInfo［］＝new String［4］；
private JP _ StandardSolutions jp _ standardSolutions；
public JP _ StandSoluTree（JP _ StandardSolutions jp _
standardSolutions) {

    this. jp _ standardSolutions＝jp _ standardSolutions；
        try {
```

```
        init();
    } catch (Exception ex) {
        ex.printStackTrace();
    }
}


//初始化面板上各个组件
private void init() throws Exception {
this.setLayout(new BorderLayout());
    treeNodeIcon1 = newImageIcon ( " images/StandSolution
Tree1.png");
    treeNodeIcon2 = newImageIcon ( " images/StandSolution
Tree2.png");
    treeNodeIcon3 = newImageIcon ( " images/StandSolution
Tree3.png");
    treeNodeIcon4 = newImageIcon ( " images/StandSolution
Tree4.png");
    CusTreeNode root = new CusTreeNode("0", "标准解分
类");
    root.setNodeIcon(treeNodeIcon1);
    addGradeOneNode(root);
    SolutionTreeModel=new SolutionTreeModel(root);
    SolutionTree=new JTree(SolutionTreeModel);
    SolutionTree.setCellRenderer(new CusTreeRenderer());
    scorllPane=new JScrollPane(SolutionTree);
    this.add(scorllPane, BorderLayout.CENTER);


//添加组件的事件监听
```

```
this. addComponentListener();
}


/ * *
 * 得到当前所选的标准解名称
 *  @return String
 */
public String getSelectedEffect(){
TreePath path;
path=SolutionTree. getSelectionPath();
if(path== null){
    return null;
}
CusTreeNode treeNode=(CusTreeNode) path. getLastPath
Component();
    if(treeNode. getTreeNodeState() < 0){
        return null;
    }


    return treeNode. getTreeNodeText();
}


/ * *
 * 得到当前所选的标准解信息
 *  @returnString□
 */
public String□ getSelectedEffectInfo(){
TreePath path;
```

```
path=SolutionTree. getSelectionPath();
if(path== null){
    return null;
}
CusTreeNode    treeNode   =   ( CusTreeNode )   path.
getLastPathComponent();
if(treeNode. getTreeNodeState()== -1){
    return null;
}

return this. strSolutionInfo;
}

/ **
* 添加标准解一级节点
* @param root CusTreeNode
* /
private void addGradeOneNode(CusTreeNode root) {
if (root. isChildNodeAdded()) {
    return;
}

StringstrNodeID;
StringstrNodeText;
ResultSet rsSSLOneInfo;

StringstrQuery=" SELECT 分类号, 分类 FROM Standar
SolutionONE ";
```

```
rsSSLOneInfo=DBMS _ Manager. excuteSearch(strQuery);

try {
    while (rsSSLOneInfo. next()) {
        strNodeID=rsSSLOneInfo. getString("分类号");
        strNodeText=rsSSLOneInfo. getString("分类");
        CusTreeNode gradeOneNode= new CusTreeNode
(strNodeID, strNodeText);
        gradeOneNode. setNodeIcon(treeNodeIcon2);
        root. add(gradeOneNode);
        addGradeTwoNode(gradeOneNode); //添加二级
节点
    }
} catch (SQLException e) {
    e. printStackTrace();
}

root. setChildNodeAdded(true);
}
……
```